平面设计与制作

Φ77mm

24-105mm 1:4 L

许洁／编著

突破平面

会声会影 X9

视频编辑与制作剖析

清华大学出版社

北 京

内 容 简 介

本书是一本会声会影X9的实战教程，通过丰富的案例全面且细致地讲解了会声会影X9从捕获素材、视频的剪辑与修整、照片的编辑、添加视频特效、后期处理到分享输出的全部制作流程和剪辑技巧，帮助读者轻松、快速地从入门到精通会声会影，并从新手成为视频编辑高手。

全书采用教程+实例的形式编写，共分5篇：入门向导篇、捕获剪辑篇、特效合成篇、后期处理篇、综合案例篇，其中包括影音剪辑基础、会声会影的基本操作、视频素材的捕获、素材的管理与编辑、滤镜特效的巧妙应用、视频覆叠的创意合成、视频转场的完美过渡、字幕的制作与添加、音频的添加与编辑，以及四大综合案例：儿童相册—快乐童年、我的写真集—舞动青春、婚纱相册—心心相印、旅游相册—难忘海南行等内容，使读者能融会贯通、巧学活用，制作出完整且精彩的个人影片。

本书简单易学、步骤清晰、技巧实用、实例可操作性强，既适用于DV爱好者、影像工作者、数码家庭用户及视频编辑入门者阅读，也可以作为大中专院校相关专业及视频编辑培训机构的辅导教材。

图书在版编目（CIP）数据

突破平面会声会影X9视频编辑与制作剖析 / 许洁编著. -- 北京：清华大学出版社，2016
　（平面设计与制作）

ISBN 978-7-302-44209-7

Ⅰ.①突… Ⅱ.①许… Ⅲ.①视频编辑软件 Ⅳ.①TP317.53

中国版本图书馆CIP数据核字(2016)第152468号

责任编辑：陈绿春
封面设计：潘国文
责任校对：徐俊伟
责任印制：王静怡

出版发行：清华大学出版社
　　　　网　　　址：http://www.tup.com.cn，http://www.wqbook.com
　　　　地　　　址：北京清华大学学研大厦A座　　　邮　编：100084
　　　　社 总 机：010-62770175　　　　邮　购：010-62786544
　　　　投稿与读者服务：010-62776969，c-service@tup.tsinghua.edu.cn
　　　　质 量 反 馈：010-62772015，zhiliang@tup.tsinghua.edu.cn

印 刷 者：北京鑫丰华彩印有限公司
装 订 者：三河市溧源装订厂
经　　销：全国新华书店
开　　本：190mm×260mm　　　　印　张：15.75　　　字　数：534千字
版　　次：2016年10月第1版　　　　　　　　　　印　次：2016年10月第1次印刷
印　　数：1~3500
定　　价：59.00元

产品编号：069562-01

前 言
PREFACE

本书内容

本书是一本会声会影 X9 从入门到精通的实战教程，全书以教程＋实例的形式，系统地讲解了会声会影 X9 从捕获素材、视频的剪辑与修整、照片的编辑、添加视频特效、后期处理到分享输出的全部制作流程和剪辑技巧，帮助读者轻松学习会声会影的所有知识。

本书特色

本书具有以下 3 个特点：

◎ 案例为主、实战为王：本书采用实例教学的方式，通过对 100 个经典案例的讲解，将会声会影基础的理论知识和各项功能融会贯通于一步一步的动手操作中。

◎ 知识全面、融会贯通：本书从捕获素材、编辑素材、添加特效到刻录输出，全面地讲解了视频剪辑的全部过程。

◎ 举一反三、激发创意：本书内容丰富、实用，制作案例涵盖常用应用领域，能激发读者的创意和灵感，并学以致用，制作出精彩绝伦的影片。

本书素材

本书赠送教学资源，添加读者 QQ 群 155633192 可免费下载。该配套资源除包含全书所有实例的素材及项目文件，以及超过 600 分钟的高清语音视频教学外，还额外赠送 1000 多个视频剪辑常用素材，包括音效、flash 动画素材、边框素材、遮罩素材、背景素材等，读者在制作视频时可以即调即用，成倍提高视频制作的效率，物超所值。

教学资源

本书赠送教学资源，添加读者 QQ 群 155633192 可免费下载。该配套资源除包含全书所有实例的素材及项目文件，以及超过 600 分钟的高清语音视频教学外，还额外赠送

1000多个视频剪辑常用素材，包括音效、flash动画素材、边框素材、遮罩素材、背景素材等，读者在制作视频时可以即调即用，成倍提高视频制作的效率，物超所值。

本书作者

本书由西安工程大学服装与艺术设计学院许洁编著，参与编写的人员还包括：陈志民、陈运炳、申玉秀、李红萍、李红艺、李红术、陈云香、陈文香、陈军云、彭斌全、林小群、刘清平、钟睦、刘里锋、朱海涛、廖博、喻文明、易盛、陈晶、张绍华、黄柯、何凯、黄华、陈文轶、杨少波、杨芳、刘有良、刘珊、赵祖欣、齐慧明、胡莹君等。

在编写本书的过程中，我们以科学、严谨的态度，力求精益求精，但错误和疏漏之处在所难免，在感谢您选择本书的同时，也希望您能够把对本书的意见和建议告诉我们。

联系邮箱：lushanbook@qq.com

读者群：155633192

目录

第一篇 入门向导篇

第1章 影音剪辑基础

随着数码摄像技术的不断发展，越来越多的家庭或个人开始使用相机、手机等各种摄像设备拍摄个人影片，这代表着个人视频的时代已经来临。在这个时代里，任何人都可以坐在家用计算机前，使用会声会影视频编辑软件剪辑、制作出品质堪比专业级的影片。

学习视频编辑的第一步就是了解并掌握影音剪辑的基础知识。本章将具体介绍视频编辑的常识，学习会声会影 X9 的软件安装与运行、视频编辑流程等知识，引领读者进入视频编辑的世界。

1.1 视频编辑常识

在学习视频编辑之前，读者应该具备一定的视频编辑常识，这样有助于后面的学习。

1.1.1 后期编辑类型

视频编辑是影片艺术创作过程中的最后一次再创作，是将拍摄完成的影像通过各场景的剪辑、镜头之间的组接，以及添加特效后制作成碟片的过程。视频编辑有线性编辑与非线性编辑的之分，它们都有各自的特点，下面具体介绍这两种视频编辑的类型。

1. 线性编辑

线性编辑，是一种磁带的编辑方式，即利用电子手段，根据节目内容的要求将素材连接成新的连续画面的技术，其也是电视节目的传统编辑方式。通常先使用组合编辑的方式将素材顺序编辑成新的连续画面，再以插入编辑的方式对某一段进行同样长度的替换。但不可能删除、缩短、加长中间的某一段，除非抹去那一段以后的画面并重录。其特点如下。

● 技术成熟、操作简便

线性编辑所使用的设备主要有编辑放映机和编辑录像机，但根据节目需求还会用到多种编辑设备。不过，由于在进行线性编辑时可以直接、直观地对素材录像带进行操作，因此整体操作较为简单。

● 编辑烦琐、只能按时间顺序进行编辑

在线性编辑的过程中，素材的搜索和录制都必须按时间顺序进行，编辑时只有完成前一段编辑后，才能开始编辑下一段。为了寻找合适的素材，工作人员需要在

录制过程中反复地前卷和后卷素材磁带，这样不但浪费时间，还会对磁头、磁带造成一定的磨损。重要的是，如果要在已经编辑好的节目中插入、修改或删除素材，都要严格受到预留时间、长度的限制，无形中给节目的编辑增加了许多麻烦，同时还会造成资金的浪费。

2. 非线性编辑

非线性编辑是相对于传统上以时间顺序进行的线性编辑而言的。非线性编辑借助计算机进行数字化制作，因而几乎所有工作都是在计算机中完成的。这种技术提供了一种方便、快捷、高效的电视编辑方法，使任何片段都可以立即观看并任意修改。

非线性编辑需要专用的编辑软件、硬件，是现在绝大多数的电视、电影制作机构都采用的编辑技术。

非线性编辑采用的是数字化的记录方式，具有强大的兼容性、投资相对较少等特点，目前已在电视节目编辑中广泛应用，其优势如下所述。

➢ 信号质量高：无论如何处理或者编辑，复制多少次，信号质量始终如一。

➢ 制作水平高：大量素材都存储在硬盘上，可以随时调用。整个编辑过程既灵活又方便。

➢ 网络化：非线性编辑系统可充分利用网络方便地传输数字视频，实现资源共享。

1.1.2 视频编辑术语

在进行视频编辑前，应先了解视频编辑的常用专业术语与技术名词，才能在视频剪辑中更加得心应手。

1. 帧与帧速率

视频是由一幅幅静态画面所组成的图像序列，而组

成视频的每一幅静态图像称为"帧"。也就是说，帧是视频（包含动画）内的单幅影像画面，相当于电影胶片上的每一格影像，以往人们常常说到的"逐帧播放"指的便是逐幅画面地查看视频。

在播放视频的过程中，播放效果的流畅程度取决于静态图像在单位时间内的播放数量，即"帧速率"，其单位为 fps（帧/秒）。

要生成平滑、连贯的动画效果，帧速率一般不小于 8fps。

➢ 在电影中，帧速率为 24fps，严格来讲，在电影中应称为每秒 24 格。

➢ PAL 制：帧速率为 25fps，即每秒 25 幅画面。

➢ NTSC 制：帧速率为 30fps，即每秒 30 幅画面。

➢ 网络视频：帧速率为 15fps，即每秒 15 幅画面。

2. 场

场就是场景，是各种活动的场面，由人物活动和背景等构成。影视作品中需要很多场景，并且每个场景的对象可能都不同，且要求在不同场景中跳转，从而将多个场景中的视频组合成一系列有序的、连贯的画面。

3. 分辨率和像素

分辨率和像素都是影响视频质量的重要因素，与视频的播放效果有着密切联系。

➢ 像素：在电视机、计算机显示器及其他相类似的显示设备中，像素是组成图像的最小单位，而每个像素则由多个不同颜色的点组成。

➢ 分辨率：是指屏幕上像素的数量，通常用"水平方向像素数量 × 垂直方向像素数量"的方式来表示，例如 720×480、720×576 等。

每幅视频画面的分辨率越大、像素数量越多，整个视频的清晰度也就越高。

4. 画面宽高比与像素宽高比

➢ 画面宽高比：拍摄或制作影片的长度和宽度之比，主要有 4:3 和 16:9 两种，由于后者的画面更接近人眼的实际视野，所以应用更为广泛。

➢ 像素宽高比：在平面软件所建立的图像文件中像素比基本为 1，电视上播放的视频，像素比基本不为 1。

5. 镜头

后期制作中，将拍摄的视频进行剪辑或与其他视频片段组接。在这个过程中，通过剪辑后得到的每个视频片段，都被称为"镜头"。

6. 转场

场景与场景之间的过渡或转换，就称为"转场"。在会声会影中，常见的转场有交叉淡化、淡化到黑场、闪白等。

7. 视频轨与覆叠轨

视频轨与覆叠轨是会声会影中的专有名词。在会声会影中有 1 个视频轨和 20 个覆叠轨。

➢ 视频轨：视频轨是会声会影中添加视频、图像、色彩的轨道，如图 1-1 所示。

图 1-1　视频轨

➢ 覆叠轨就是覆盖叠加的轨道，是制作画中画视频的关键，如图 1-2 所示。

图 1-2　覆叠轨

8. 视频时间码

视频时间码是摄像机在记录图像信号时，针对每一幅图像记录的唯一的时间编码。也就是在拍摄 DV 影像时，准确地记录视频拍摄的时间。

在用 DV 记录一些特殊场景的时候，如果添加上拍摄的时间就显得更有纪念意义，更弥足珍贵了。

9. 项目

项目是指进行视频编辑等加工操作的文件，如照片、视频、音频、边框素材及对象素材等。

10. 素材

在会声会影中可以进行编辑的对象都称为"素材"，如照片、视频、声音、标题、色彩、对象、边框及 Flash 动画等。

11. 关键帧

表示关键状态的帧称为"关键帧"。任何动画要表现运动或变化，至少前后要给出两个不同的关键状态，而中间状态的变化和衔接，计算机可以自动生成。

1.1.3　常用视频格式

在视频编辑中，我们会接触到各种以不同视频格式保存的视频素材。下面将具体介绍常用的视频格式。

1. MPEG 视频格式

这类视频格式包括 MPEG-1、MPEG-2 和 MPEG-4 在内的多种格式。MPEG 格式的视频文件的用途非常广泛，可以用于多媒体、PPT 幻灯片演示中。

➤ MPEG-1：该格式是用户接触得最多的格式，一般广泛应用在 VCD 的制作，以及一些网络视频片段的下载中。一般情况下，VCD 都是以 MPEG-1 格式压缩的。

➤ MPEG-2：该格式主要用在 DVD 的制作方面，主要编辑、处理一些高清晰电视广播和一些高要求的视频。

➤ MPEG-4：它是一种新的压缩算法，利用这种算法的 ASF 格式可以把一部 120 分钟长的电影压缩到 300MB 左右。

2. AVI 视频格式

AVI 格式是由微软公司发布的视频格式，可以说是视频领域历史最悠久的格式之一。AVI 格式调用方便、图像质量好，可任意选择压缩标准，是应用得最广泛的格式之一。

3. WMV 视频格式

该视频格式是一种独立于编码方式的，在 Internet 上实时传播多媒体的技术标准，微软公司希望用其取代 QuickTime 之类的技术标准，以及 WAV、AVI 之类的文件扩展名。WMV 的主要优点在于：可扩充的媒体类型、本地或网络回放、可伸缩的媒体类型、流的优先级化、多语言支持、扩展性强等。

4. FLV 视频格式

流媒体格式是一种新的视频格式。它形成的文件极小、加载速度极快，使在网络上观看视频文件成为可能。它的出现有效地解决了将视频文件导入 Flash 后，因导出的 SWF 文件体积庞大，而不能在网络上很好使用等缺点。

5. 3GP 视频格式

该格式是一种 3G 流媒体的视频编码格式，主要是为了配合 3G 网络的高传输速度而开发的，也是目前手机中最为常见的一种视频格式。目前，大部分支持视频拍摄的手机都支持 3GP 格式的视频播放。

1.1.4　常用音频格式

在计算机内播放或处理音频文件，是对声音文件进行数、模转换的过程。常用的音频格式有下面几种。

➤ CD 音频格式：该音频格式的音质比较高，是音乐光盘所用的格式。

➤ WAV 音频格式：WAV 格式是微软公司开发的一种声音文件格式，几乎所有的音频编辑软件都能识别它。其质量和 CD 相差无几，也是目前 PC 机上被广为使用的格式。

➤ MP3 音频格式：文件尺寸小，音质要次于 CD 格式和 WAV 格式的声音文件，应用广泛。

➤ MPEG-4 音频格式：MP4 播放器的音频格式，具有较高的压缩率，适合窄带和宽带的传输。

➤ WMA 音频格式：音质要强于 MP3 格式，压缩率较高，适合在网络上在线播放。

1.1.5　常用图像格式

在编辑视频时，我们经常需要用到各种类型的图像素材，下面具体介绍图像的常用格式。

➤ JPEG 图像格式：该格式采用有损的压缩方式压缩图像，可以用最少的磁盘空间得到较高的图像质量。

➤ BMP 图像格式：能存储 4 位、8 位和 24 位的图像，是标准的图像文件格式，包含的图像信息较丰富，几乎无压缩。

➤ TIF 图像格式：该格式是出版印刷的重要文件格式，能对一些色彩模式进行编码，还可以保存为压缩或非压缩的图像格式。

➤ GIF 图像格式：该格式多被用于网页，可以同时存储多幅静止图像形成连续的动画，占用磁盘空间少。

➤ PNG 图像格式：该格式是带有透明信息的素材图像，可存储 16 位的 Alpha 通道数据。

1.1.6　光盘类型

光盘是以光信息作为存储物的载体，用来存储数据的一种物品。分不可擦写光盘，如 CD-ROM、DVD-ROM 等；可擦写光盘，如 CD-RW、DVD-RAM 等。下面将介绍部分光盘的类型。

➤ CD 光盘：CD 是一个用于所有 CD 媒体格式的一

般术语。现在市场上有的 CD 格式包括声频 CD、CD-ROM、CD-ROM XA、照片 CD、CD-I 和视频 CD 等。在多样的 CD 格式中，最为人们熟悉的之一是声频 CD，它是一种用于存储声音信号轨道的标准 CD 格式。与各种传统数据储存的媒体如软盘和录音带相比，CD 最适于储存大量的数据，它可以是任何形式或组合的计算机文件、声频信号数据、照片映像文件、软件应用程序和视频数据。CD 的优点包括耐用性、便利性和较少的花费。CD 光盘的容量是 700MB。

➢ VCD 光盘：即影音光盘，是一种在光盘上存储视频信息的标准。VCD 可以在个人计算机或 VCD 播放器，以及大部分 DVD 播放器中播放。VCD 是一种全动态、全屏播放的视频标准，在亚洲地区被广泛使用。

➢ DVD 光盘：DVD 即数字多功能光盘，是一种光盘存储器，通常用来播放标准电视机清晰度的电影、高质量的音乐，以及作为大容量数据存储。以 MPEG-2 为标准，拥有 4.7GB 的大容量，可储存 133 分钟的高分辨率全动态影视节目，包括杜比数字环绕声音轨道，其图像和声音质量都是 VCD 所能不及的。

➢ BD-ROM 光盘：能够存储大量数据的外部存储媒体，可称为"蓝光光盘"。用以储存高品质的影音，以及大容量的数据。

1.2 认识会声会影 X9

会声会影是一款操作简单、功能强大的多合一视频编辑制作软件，拥有强劲的处理速度和效能。支持最新视频编辑技术，集创新编辑、高级效果、屏幕录制和各种光盘制作于一身。

本节将带领大家初步认识会声会影 X9，包括会声会影的功能简介及会声会影 X9 的新增功能，为日后的视频编辑打下坚实的基础。

1.2.1 功能简介

会声会影 X9 是 Corel 公司最新推出的视频编辑软件。其功能灵活易用，编辑步骤清晰明了，即使是初学者也能在软件的引导下轻松地制作出好莱坞级的视频作品。

会声会影可让用户以强大、新奇和轻松的方式完成视频片段从导入计算机到输出的整个过程，制作出一流

的视频作品。其主要功能优势在于。

1. 操作简单
会声会影的界面操作简单，容易上手，已经成为家庭影片剪辑中最常用的软件之一。

2. 步骤引导
影片制作向导模式，只要三个步骤即可快速做出 DV 影片，入门新手也可以在短时间内体验影片剪辑的乐趣。

3. 功能强大
通过即时项目、影音快手模板剪辑制作视频，并配以音乐、标题等为其增添创意。从捕获、剪接、转场、特效、覆叠、字幕、配乐到刻录，其功能繁多，提供了专业视频编辑所需要的一切。

4. 创造力强
会声会影 X9 中各种不同的滤镜、转场、覆叠及标题等功能能让用户发挥创造力，制作出生动的影片效果。如图 1-3 所示为会声会影中的各种特效。

图 1-3　会声会影中的各种特效

1.2.2 新增功能

会声会影 X9 与以往的版本相比，在原有强大功能的基础上又进行了优化，还新增了一些新的功能。进入会声会影，执行"帮助"|"新功能"命令，即可了解会声会影 X9 的新增功能，如图 1-4 所示。

图 1-4　执行"新功能"命令

➤ 全新的多相机编辑器：如图 1-5 所示，可以通过从不同相机、不同角度捕获的事件镜头创建外观专业的视频编辑。通过简单的多视图工作区，可以在播放视频素材的同时进行动态编辑。只需单击一下，即可从一个视频素材切换到另一个视频素材，与播音室从一个相机切换到另一个相机来捕获不同场景角度或元素的方法相同。

图 1-5　全新的多相机编辑器

➤ 全新的添加 / 删除轨道：如图 1-6 所示，通过右键单击可插入或删除轨道，以将视线停留在时间轴上的编辑工作流中。

图 1-6　全新的添加 / 删除轨道

➤ 增强音频闪避：如图 1-7 所示，微调音频调节的引入时间和引出时间，自动调低背景音，让叙述者的声音更清晰。

图 1-7　增强音频闪避

➤ 增强的运动跟踪：如图 1-8 所示，更加轻松、准确地对人物或移动的物体应用马赛克模糊。其方法是在运动追踪中设置多点跟踪器，以在视频中的人物或物体角度改变或靠近、远离相机时，自动调整马赛克模糊的大小和形状。

图 1-8　增强的运动跟踪

➤ 等量化音频：如图 1-9 所示，在处理不同设备的多个音频记录时，无论是视频素材的一部分还是仅音频素材，每个素材的音量必然有所不同，有时甚至差异很大。通过等量化音频，可以平衡多个素材的音量，以便保证整个项目播放期间的音量范围相同。

图 1-9　等量化音频

➤ 更多的音乐轨：会声会影 X9 提供 8 个音乐轨，提高了操作的灵活性，如图 1-10 所示。

图 1-10　8 个音乐轨

➤ 优化速度和性能：编辑视频时，速度和性能非常重要。会声会影针对第六代 Intel 芯片进行优化，并改进了 MPEG 4 和 MOV 的回放性能，从而确保编辑工作高效、有趣。

➢ 增强的素材库：素材库中现在可以使用音频滤镜和视频滤镜，如图 1-11 所示。此外，导入和备份功能也进行了改进，也就是说，可以保留自定义素材库和配置文件，使在升级或更改设备时，备份和恢复配置文件和媒体文件更加容易。

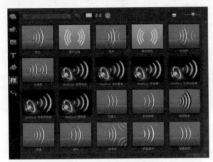

图 1-11　音频滤镜

➢ 支持更多格式：支持 HEVC (H.265) 和 *MXF (XAVC)，兼容性更高。通过提高压缩率（文件缩小了 50%），使新格式更适合减小文件大小（特别是在创建 4K 项目时），HEVC 对 H.264 进行了改进。

➢ 创建新影音快手模板：在会声会影 X9 中可以创建影音快手模板。与即时项目模板不同，影音快手模板可以根据用户放入照片和视频的数量自动扩大或缩小。

1.3　软件安装与运行

学习了视频编辑的基础知识后则可对会声会影进行安装了，将软件正确安装到计算机上即可运行软件并进行相应的操作了。

1.3.1　系统配置要求

视频编辑因为需要较多的系统资源，所以在配置计算机系统时，考虑的主要因素是硬盘、内存的大小和 CPU 的速度，这些因素决定了保存视频的容量，处理和渲染文件的速度。在编辑视频的工作中，系统配置越高，工作效率也就越高。

1.　最低系统要求

➢ Internet 连接，以完成更新。

➢ 操作系统：Windows 10、Windows 8、Windows 7 (32 位或 64 位操作系统）。

➢ CPU：Intel Core Duo 1.8GHz、Core i3 或 AMD Athlon 64 X2 3800+ 2.0 GHz。

➢ 内存：2GB RAM，Windows 64 位操作系统要求 4GB。

➢ 显示分辨率：1024×768。

➢ 声卡：Windows 兼容声卡。

2.　输入 / 输出设备支持

在使用会声会影 X9 进行影片编辑时，常常需要从不同的设备上获取视频、音频、图片素材，并完成输出影片的制作，下面列出了会声会影支持的输入输出设备类型。

➢ 1394 卡：适用于 DV、D8 或 HDV 摄像机。

➢ USB 接口：USB Video Class (UVC) DV、USB 捕获设备、PC 摄像机、网络摄像头。

➢ 光驱驱动器：Windows 兼容 Blu-ray 光盘、DVD-R/RW、DVD+R/RW、DVD-RAM 和 CD-R/RW 驱动器、iPhone、iPad、带视频功能的 iPod Classic、iPod touch 等。

1.3.2　安装会声会影 X9

下面将介绍如何将会声会影 X9 安装到计算机中。

01 将会声会影 X9 安装光盘（自行购买）放入光盘驱动器中，系统将自动弹出安装界面，单击"会声会影 X9"按钮，即可进行会声会影 X9 软件的安装。

02 进入"许可证协议"界面，勾选"我接受许可协议中的条款"复选框，然后单击"下一步"按钮，如图 1-12 所示。

图 1-12　会声会影安装界面

03 进入下一个页面，设置相应参数，用户可根据需要设置软件的安装路径，单击"下一步"按钮，如图 1-13 所示。

图 1-13　设置软件安装路径

04 安装界面正在配置完成进度，如图 1-14 所示。

图 1-14　会声会影安装界面

05 安装向导成功完成后，单击"完成"按钮即可完成会声会影 X9 程序的安装，如图 1-15 所示。

图 1-15　设置软件安装路径

1.3.3　启动与退出

正确安装会声会影 X9 后则可以将其启动，开始你的视频编辑之旅了。下面介绍会声会影的启动与退出。

1. 启动

➢ 双击桌面的 Corel VideoStudio Pro X9 应用程序图标 。

➢ 鼠标右击桌面的 Corel VideoStudio Pro X9 应用程序图标，执行"打开"命令，如图 1-16 所示。

图 1-16　执行"打开"命令

➢ 从"开始"|"程序"菜单中选择 Corel VideoStudio Pro X9 选项，如图 1-17 所示。

图 1-17　选择 Corel VideoStudio Pro X9 选项

执行操作后，即可启动会声会影 X9 的应用程序，进入会声会影 X9 的程序界面，如图 1-18 所示。

图 1-18　启动会声会影 X9

2. 退出

启动程序后，若需要关闭并退出程序，可以执行以下操作。

➢ 执行"文件"|"退出"命令，可以退出会声会影 X9 应用程序，如图 1-19 所示。

图 1-19　退出会声会影

➢ 单击操作界面右上角的"关闭"按钮 ，也可快速退出会声会影 X9 应用程序。

➢ 除以上两种外，按 Alt+F4 组合键也可以快速退出。

1.3.4　认识欢迎界面

当用户启动会声会影 X9 应用程序时，在启动过程中会弹出如图 1-20 所示的欢迎界面，帮助用户了解软件的最新功能，以及标题、音频、模板等最新下载的网络资源信息。

图 1-20　欢迎界面

系统默认打开欢迎界面"首页"选项卡。单击"实现更多功能"标签，进入"实现更多功能"选项卡，可浏览下载会声会影官方网站上的最新资源，如图 1-21 所示。可下载资源包括模板、音频、标题、工具等内容，单击相应的标签，即可切换到相应类型的下载界面。单击各资源缩略图下的"立即下载"按钮，即可开始下载。

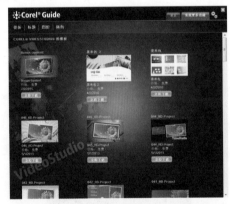

图 1-21　"实现更多功能"选项卡

关闭欢迎界面，即可进入编辑界面。在会声会影 X9 编辑界面中，可以通过捕获、编辑、分享 3 个步骤，轻松自如地完成影片编辑。

提示

在启动会声会影 X9 后，单击素材库上方的"获取更多内容"按钮，也可以打开欢迎界面。

1.3.5　入门指南与视频教学

入门指南与视频教程向用户提供了包括会声会影的基本操作和视频特效、照片处理等教学内容，对初学者快速掌握会声会影 X9 有很大帮助。

01　启动会声会影，执行"帮助"|"视频教程"命令，如图 1-22 所示。

图 1-22　执行"视频教程"命令

02　在打开的网页中即可查看相应的视频教程，如图 1-23 所示。

图 1-23　打开视频教程网页

03　执行"帮助"|"入门"命令，在子菜单中选择相应的命令，如图 1-24 所示。

图 1-24　执行"入门"命令

04　在打开的对话框中介绍了相关的图文教程，如图 1-25 所示。

图 1-25　图文教程

1.3.6 卸载会声会影

系统中安装软件以后，在使用过程中难免会因为某些原因导致程序无法正常工作。在这样的情况下，最好的办法就是卸载程序再重新安装。

01 单击"开始"菜单，执行"控制面板"命令，如图 1-26 所示。

图 1-26　执行"控制面板"命令

02 打开控制面板，单击"程序"下的"卸载程序"链接，如图 1-27 所示。

图 1-27　单击"卸载程序"链接

03 弹出"程序"对话框，选择要卸载的 Corel VideoStudio Pro X9，单击鼠标右键，选择"卸载/更改"选项，如图 1-28 所示。

图 1-28　选择"卸载/更改"选项

04 弹出"确定完全删除 Corel VideoStudio Pro X9"对话框，选中"清除 Corel VideoStudio Pro X9 中的所有个人设置"复选框，单击"删除"按钮，如图 1-29 所示。

图 1-29　单击"删除"按钮

提示

如果用户不需要清除 Corel VideoStudio Pro X9 中的所有个人设置，也可以不勾选。

05 系统将会提示正在完成配置，如图 1-30 所示。

图 1-30　正在完成配置

06 所有配置完成后，单击 Finish 按钮，即可完成会声会影 X9 程序的卸载，如图 1-31 所示。

图 1-31　卸载完成

1.4 视频编辑流程

了解视频编辑流程，能更快、更准确地进行视频编辑操作。会声会影与常见的视频编辑流程略有不同，本节将进行具体介绍。

1.4.1 常见视频编辑流程

这里所讲的常见视频编辑是指非线性编辑，任何非线性编辑的工作流程，都可以简单地看成输入、编辑、输出这样三个步骤。当然由于不同软件功能的差异，其使用流程还可以进一步细化。

1. 素材采集

模拟视频、音频信号转换成数字信号存储到计算机中，或者将外部的数字视频存储到计算机中，成为可以处理的素材。

2. 基本编辑

➤ 素材剪辑：对采集来的素材在相应的视频编辑软件中进行剪切、复制、粘贴等，从而获取有用的镜头片段。

➤ 素材排列：对镜头进行重新组合、排列，改变镜头之间的组接顺序。

3. 特效编辑

➤ 场景过渡：利用镜头之间的自然过渡来衔接两个场景，为了体现不同的视觉效果和叙事要求，需要使用特技转场来连接两个场景。

➤ 特效处理：通过对素材添加滤镜、控制时间的快慢等特效处理，使视频呈现精彩、炫酷的效果。

➤ 合成：合成是影视制作的工作流程中必不可少的一个环节。是指将多个层上的画面混合，通过修改透明度、遮片等操作，叠加成单一的复合画面的处理过程。同时还包括了音视频的合成、字幕的合成等。

4. 节目输出

➤ 节目的生成：经过剪辑、添加特效、转场、音视频合成、字幕合成等步骤之后，编辑的最终效果就体现在视频编辑软件的时间线窗口中，然后将其生成为最终视频。

➤ 节目的输出：将生成的视频输出到相应的设备中，不同的设备所需的视频格式不同。

1.4.2 会声会影编辑流程

会声会影主要的特点是操作简单，只要三个步骤即可快速制作出 DV 影片，入门新手也可以在短时间内体验影片剪辑的乐趣。

1. 捕获

在"捕获"面板中，可以从摄影机或其他视频源中捕获媒体素材，将其导入到计算机中，该步骤允许捕获和导入视频、照片和音频素材。

2. 编辑

"编辑"步骤是会声会影视频编辑过程中最重要的一步，在"编辑"面板中可以对素材进行排列、编辑、修整视频素材，添加覆叠素材、转场特效、视频滤镜、字幕和音频等效果，使影片精彩纷呈、丰富多彩。

3. 输出

视频编辑完成后，只需输出的最后一步即可完成整个影片的流程。在"输出"面板中可以选择将影片输出为视频或单独的音频文件保存到计算机中，也可以选择将视频共享到网络上，刻录成光盘等。会声会影 X9 提供了多种输出选项，用户可以根据不同的需要来创建影片。

第 2 章　会声会影的基本操作

工欲善其事,必先利其器。本章将具体介绍会声会影的基础操作,为日后的视频编辑打下坚实的基础。接下来,让我们一起来体验会声会影的强大魅力吧。

2.1　熟悉工作界面

会声会影特有的操作界面,可以让读者清晰而快速地完成影片的编辑工作。会声会影 X9 的操作界面由步骤面板、菜单栏、预览窗口、导览面板、素材库、选项面板、工具栏、时间轴组成,如图 2-1 所示。

图 2-1　会声会影 X9 的操作界面

2.1.1　步骤面板

使用会声会影 X9 剪辑影片可分成三个步骤,分别为捕获、编辑和共享,如图 2-2 所示。

图 2-2　步骤面板

单击步骤面板中的按钮,可以切换步骤进行相关操作。

1. 捕获

在"捕获"步骤面板中,可以将视频源中的影片或图像素材捕获到计算机中,单击"捕获"按钮后其界面如图 2-3 所示。

图 2-3　"捕获"步骤面板

2．编辑

"编辑"步骤面板是会声会影 X9 的核心部分。在该面板中可以管理、编辑视频素材，也可以为视频添加滤镜及转场效果，如图 2-4 所示。

图 2-4　"编辑"步骤面板

3．共享

影片制作完成后，通过"共享"步骤面板可以创建视频文件，或将影片输出到网络、DVD 光盘中，如图 2-5 所示。

图 2-5　"共享"步骤面板

2.1.2　菜单栏

会声会影 X9 的菜单栏包括文件、编辑、工具、设置和帮助 5 个菜单，如图 2-6 所示。

图 2-6　菜单栏

下面将一一介绍各菜单的主要功能。

- ➢ "文件"菜单：主要用于文件操作，如新建、打开和保存项目等。
- ➢ "编辑"菜单：主要用于编辑视频内容，如复制、粘贴和删除等。
- ➢ "工具"菜单：主要包括了一些常用的工具，如 DV 转 DVD 向导、创建光盘、绘图创建器等。
- ➢ "设置"菜单：主要用于设置项目，如参数设置、项目属性、素材库管理器等。
- ➢ "帮助"菜单：包括了使用指南、视频教学教程、新增功能等帮助信息。

2.1.3　预览窗口与导览面板

预览窗口和导览面板用于预览和编辑项目文件中的素材，如图 2-7 所示。使用修整标记和擦洗器可以编辑素材，单击"播放修整后的素材"按钮可以预览当前视频效果。下面将一一介绍导览面板中各个部分的名称和功能。

图 2-7　预览窗口和导览面板

- ➢ 播放▶：播放和暂停当前项目或所选素材。单击该按钮可预览当前视频效果。
- ➢ 起始◀◀：返回项目、素材或所选区域的起始点。在项目区间比较长时，单击该按钮可以直接返回起始片段。
- ➢ 上一帧◀Ⅰ：移动到上一帧。需要精确到某个时间点时，可以通过单击该按钮或者"下一帧"按钮来控制时间点。
- ➢ 下一帧Ⅰ▶：移动到下一帧。需要精确到某个时间点时，可以通过单击该按钮或者"上一帧"按钮来控制时间点。
- ➢ 结束▶▶：移动到项目、素材或所选区域的结束位置。单击该按钮可以直接跳转到结束片段。
- ➢ 重复↻：循环播放单个素材或者整个项目文件。
- ➢ 系统音量◀）：通过拖曳滑块调节计算机的音量。

- ➤ HD 预览 HD：单击该按钮可以进行高清预览。
- ➤ 时间码 00:00:00:19：在时间码上输入时间，可以直接跳转到项目或所选素材的某个精确时间点。
- ➤ 扩大窗口预览 ⬚：最大化预览窗口，便于预览视频效果。
- ➤ 擦洗器 ♥：可以在项目或者素材上直接拖曳，以确定当前播放时间。
- ➤ 修整标记 ⬚：拖曳修整标记可以设置预览范围或者修整素材。
- ➤ 开始标志 [：在项目中设置预览范围或者素材修整的开始点。
- ➤ 结束标志]：在项目中设置预览范围或者素材修整的结束点。
- ➤ 分割素材 ✂：将擦洗器拖曳到想要分割素材的位置，单击此按钮可以分割所选素材。

2.1.4　素材库

素材库用于保存和管理各种素材文件，其中包括视频、图像、音频三类媒体素材，还包括转场、标题、滤镜、图形、路径等。

1. "媒体"素材库

启动程序后默认打开的素材库为"媒体"素材库，提供了视频、图像、音频素材，如图 2-8 所示。也可以单击"媒体"按钮 进入"媒体"素材库。

图 2-8　"媒体"素材库

2. "即时项目"素材库

单击"即时项目"按钮 ，即可进入"即时项目"素材库，其提供了多种项目模板，以开始、当中、结尾、完成等分类，如图 2-9 所示。

图 2-9　"即时项目"素材库

3. "转场"素材库

单击"转场"按钮 AB，进入"转场"素材库，其中提供了 126 种转场效果，如图 2-10 所示。通过单击"画廊"的 按钮，在弹出的下拉列表中可以选择转场类型。

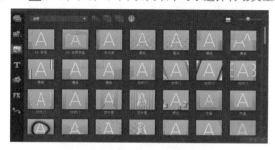

图 2-10　"转场"素材库

4. "标题"素材库

单击"标题"按钮 T，进入"标题"素材库，其中提供 34 种预设标题，如图 2-11 所示。可以直接将这些预设标题效果添加至影片中，并重新编辑使用。

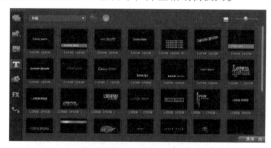

图 2-11　"标题"素材库

5. "图形"素材库

单击"图形"按钮 ，在图形素材库中提供了 15 种预设色彩、25 种色彩图样、25 种背景、25 种边框、50 种对象、40 种 Flash 动画等素材，可以通过单击画廊右侧的 按钮切换素材分类，如图 2-12 所示。

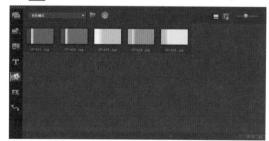

图 2-12　"图形"素材库

6. "滤镜"素材库

单击"滤镜"按钮 FX，进入"滤镜"素材库，其中提供了 78 种滤镜效果，如图 2-13 所示。可通过单击画廊右侧的 按钮，选择不同的滤镜类型，如图 2-14 所示。

图 2-13　"滤镜"素材库

图 2-14　不同的滤镜类型

7. "路径"素材库

单击"路径"按钮 ，进入"路径"素材库，其中提供了 10 种预设路径效果，如图 2-15 所示。除了程序预设的路径外，用户还可以增加自动路径效果，方便日后使用。

图 2-15　"路径"素材库

2.1.5　选项面板

选项面板用于设置视频或素材的属性。该面板的内容根据素材类型及素材所在轨道的不同而不同。下面介绍视频素材和照片素材的选项面板。

1. "视频"选项面板

在视频轨中添加视频素材后，双击素材，即可打开"视频"选项面板，如图 2-16 所示。

图 2-16　"视频"选项面板

该面板中各主要选项的含义如下。

- ➤ 色彩校正 ：可以调整素材的颜色。
- ➤ 速度 / 时间流逝 ：可以调整视频素材的速度。
- ➤ 变速 ：可以通过新增关键帧来调节不同时间的视频播放速度。
- ➤ 反转视频：勾选该复选框，可以对视频素材进行反转播放。
- ➤ 分割音频 ：将视频与音频分割开。
- ➤ 按场景分割 ：根据视频拍摄场景的不同进行分割。
- ➤ 多重修整视频 ：可以实现多段剪辑视频效果。

2. "照片"选项面板

在视频轨中添加照片素材，双击鼠标即可进入"照片"选项面板，如图 2-17 所示。

图 2-17　"照片"选项面板

3. "属性"选项面板

在视频轨中添加素材后展开选项面板，单击"属性"按钮，可以切换至"属性"选项面板，如图 2-18 所示。

图 2-18　"属性"选项面板

在覆叠轨中添加素材后展开选项面板，此时打开的是"属性"面板，与视频轨中素材的"属性"面板不同，如图 2-19 所示。

图 2-19　覆叠轨素材的"属性"面板

4. "编辑"面板

在覆叠轨中添加照片素材，展开选项面板，单击"编辑"按钮，切换至"编辑"面板，如图 2-20 所示。

图 2-20　照片"编辑"面板

在覆叠轨中添加视频素材，展开选项面板，单击"编辑"按钮，此时的"编辑"选项面板会发生变化，如图 2-21 所示。

图 2-21　视频"编辑"面板

2.1.6　工具栏

通过工具栏，用户可以方便、快捷地访问编辑按钮，如图 2-22 所示，还可以在"项目时间轴"上放大和缩小项目视图，以及启动不同工具以进行有效的编辑。

图 2-22　工具栏

➤ 故事板视图 ：仅显示在视频轨中添加的素材。

➤ 时间轴视图 ：显示视频轨、覆叠轨、标题轨即音频轨中的所有素材。

➤ 撤销 ：撤销上次的操作。

➤ 重复 ：重复上次撤销的操作。

➤ 录制 / 捕获选项 ：单击该按钮后，在弹出的对话框中可进行录制画外音、捕捉视频、抓拍快照的操作。

➤ 混音器 ：打开"环绕混音"面板，对音频音量进行调节。

➤ 自动音乐 ：添加程序中的音乐文件。

➤ 运动跟踪 ：捕捉并跟踪屏幕上移动的物体，并将其连接到如文本和图形等元素上。

➤ 字幕编辑器 ：根据音频扫描并添加字幕，使字幕与音频同步。

➤ 多相机编辑器 ：可以通过从不同相机、不同角度创建视频。

➤ 缩放控件 ：通过使用缩放滑块和按钮，调整项目时间轴的视图大小。

➤ 将项目调到时间轴窗口大小 ：将项目视图调到适合整个"时间轴"的跨度。

➤ 项目区间 ：显示整个项目文件的时间长度。

2.1.7　项目时间轴

项目时间轴是添加、编辑素材的地方，时间轴中包括了视频轨、覆叠轨、标题轨、声音轨和音乐轨等，如图 2-23 所示。

图 2-23　项目时间轴

➤ 视频轨 ：视频轨可以添加视频、图片、色彩等素材，或添加转场等特效。在视频轨中添加的素材通常作为背景，在底层且时间不可间断。

➤ 覆叠轨 ：与视频轨相同，同样可以添加各种素材与转场效果。会声会影 X9 提供了 20 个覆叠轨，排列在时间轴下方的覆叠轨素材，其显示的图像在最上方。

➤ 标题轨 ：用于在视频中添加标题，或输入字幕素材。

➤ 声音轨 ：用于添加音频素材，录制的画外音会自动添加到声音轨中，而不会添加到音乐轨上。

➤ 音乐轨 ：与声音轨相同，用于添加音频素材。选择自动音乐后将自动添加到音乐轨中。

➤ 显示全部可视化轨道 ：显示项目中的所有轨道。

➤ 轨道管理器 ：管理项目时间轴中的可见轨道。

➤ 添加 / 删除章节或提示 ：在影片中设置章节及提示点。

➤ 启用 / 禁用连续编辑 ：锁定和解锁任何移动轨道。

2.2　自定义工作界面

在会声会影 X9 中，用户可以根据自己的习惯和喜好任意拖曳调整各面板的大小或位置，也可定义为单独的浮动面板，享用更宽广的剪辑环境。

2.2.1　调整界面布局

在会声会影中可以对操作界面中的各面板进行大小和位置调整。

素材文件

教学资源 \ 视频 \ 第 2 章 \2.2.1 调整界面布局

01 启动会声会影 X9，将鼠标放置在面板与面板的边缘处，此时鼠标呈上下或左右双向箭头状态，拖曳鼠标，可调整面板的大小，如图 2-24 所示。

图 2-24　调整面板大小

02 调整各面板到需要的大小后，效果如图 2-25 所示。

图 2-25　调整效果

03 若需要浮动显示面板，可将鼠标放在面板上方区域，单击鼠标并将其拖出，如图 2-26 所示。

图 2-26　拖曳面板

04 释放鼠标即可浮动显示该面板，如图 2-27 所示。
05 将鼠标放置在面板的四周，当光标变成双向箭头时，可拖曳调整面板的大小，如图 2-28 所示。

图 2-27　浮动显示

图 2-28　调整面板大小

提示

在面板上方双击鼠标也可将面板设置为浮动显示，再次双击可以恢复到默认状态。

06 单击面板右上角的最大化或最小化按钮，可最大化或最小化显示面板，如图 2-29 所示为最大化的导览面板和素材库面板。

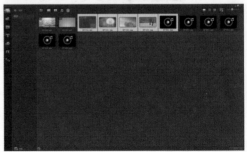

图 2-29　最大化的导览面板和素材库面板

2.2.2　保存自定界面

将界面进行修改后，可以将其保存下来，方便日后调用。在会声会影 X9 中可以保存三个自定义界面。

01 执行"设置"|"布局设置"|"保存到"|"自定义 #1"命令，如图 2-30 所示，即可保存自定界面。

图 2-30　保存自定界面

02 下次调用时则可通过执行"设置"|"布局设置"|"切换到"|"自定义 #1"命令切换到自定义的界面，如图 2-31 所示。

图 2-31　切换自定界面

2.2.3　恢复默认界面

自定义界面后，执行"设置"|"布局设置"|"切换到"|"默认"命令，如图 2-32 所示，或者按快捷键 F7，可将界面恢复至默认状态。

图 2-32　执行"默认"命令

2.2.4　设置预览窗口背景色

预览窗口默认的背景色为黑色，用户也可根据需要修改预览窗口的背景色。

01 执行"设置"|"参数选择"命令，如图 2-33 所示。

图 2-33　执行"参数选择"命令

02 弹出对话框，在预览窗口选项下单击背景色色块，如图 2-34 所示。

图 2-34　单击色块

03 在弹出的列表中可以选择不同的颜色，如图 2-35 所示。

图 2-35　选择颜色

04 或者选择"Corel 色彩选取器""Windows 色彩选取器"选项，在打开的对话框中可自定义更多的颜色，如图 2-36 所示。

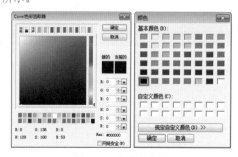

图 2-36　自定义颜色

17

2.3 了解视图模式

会声会影 X9 提供了 3 种视图模式，分别为故事板视图、时间轴视图和混音器视图，用户可以在不同的情况下使用不同的视图模式。下面将对这 3 种视图模式进行详细介绍。

2.3.1 时间轴视图

时间轴视图是会声会影默认的也是最常用的编辑模式，在时间轴视图中可以粗略浏览素材的内容。时间轴中的素材可以是视频文件、静态图像、声音文件或者转场效果及标题等。还可以根据素材在每条轨上的位置，准确地显示事件发生的时间及位置，如图 2-37 所示。

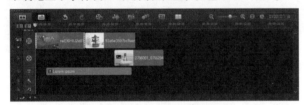

图 2-37 时间轴视图

 提示

将鼠标放置在时间轴的时间线上，滚动鼠标则可缩放时间轴视图。

2.3.2 故事板视图

故事板视图的编辑模式是会声会影 X9 提供的一种简单明了的视频编辑模式。故事板中的每个缩略图都代表影片中的一个事件。事件可以是视频素材，也可以是静态图像，如图 2-38 所示。

图 2-38 故事板视图

缩略图按项目中的事件发生顺序显示，可以拖曳缩略图重新进行排列。在缩略图的底部显示了素材的区间。此外，在故事板视图中选择某个素材后，可以在导览面板中对其进行修整。

2.3.3 混音器视图

混音器视图可以通过混音面板实时调整项目中音频轨的音量，以及音频轨中特定的音量，如图 2-39 所示。

图 2-39 混音器视图

2.4 项目基本操作

在会声会影中，项目是指进行视频编辑等加工操作的文件。项目文件的格式是 VSP，是会声会影特有的视频格式。在本节中将具体介绍关于项目文件的基本操作，包括项目文件的新建、保存及打开等。

2.4.1 新建项目文件

启动会声会影 X9 后，系统会自动新建一个项目文件。若需另外新建项目文件，则执行"文件"|"新建项目"命令即可，如图 2-40 所示。

图 2-40 执行"文件"|"新建项目"命令

 提示

会声会影和其他大多数软件一样，新建项目的组合键为 Ctrl+N。

2.4.2　新建 HTML 项目

HTML 项目为网页项目文件，新建的 HTML 项目文件输出后将以网页的形式保存。

01 执行"文件"|"新建 HTML5 项目"命令，如图 2-41 所示。

图 2-41　执行"新建 HTML5 项目"命令

02 弹出提示对话框，单击"确定"按钮，即可新建一个 HTML5 项目，如图 2-42 所示。

图 2-42　单击"确定"按钮

03 该项目文件的时间轴与默认的项目文件时间轴不同，如图 2-43 所示。

图 2-43　HTML5 项目时间轴

2.4.3　在项目中插入素材

新建项目文件后，即可在项目文件中制作视频了。视频制作的第一步就是在项目时间轴中插入素材。插入素材到项目文件中的方法有多种，下面进行具体介绍。

📀 素材文件

教学资源\视频\第 2 章\2.4.3 在项目中插入素材实例效果

01 在素材库中选择素材，单击鼠标并拖曳到到时间轴中，如图 2-44 所示，释放鼠标即可在时间轴中插入素材。

图 2-44　拖曳素材到时间轴

02 第二种方法，在时间轴中的空白区域单击鼠标右键，在弹出的快捷菜单中执行"插入照片"命令，如图 2-45 所示。

图 2-45　执行"插入照片"命令

03 第三种方法，执行"文件"|"将媒体文件插入到时间轴"|"插入照片"命令，如图 2-46 所示。

图 2-46　执行菜单命令

04 弹出"浏览照片"对话框，选择需要插入的素材，单击"打开"按钮，如图 2-47 所示。

图 2-47　单击"打开"按钮

05 将素材插入到项目时间轴中,如图 2-48 所示。

图 2-48　添加素材

06 在预览窗口中会显示插入到时间轴中的素材效果,如图 2-49 所示。

图 2-49　预览效果

 提示

除了在时间轴中插入照片素材外,还可以添加视频、字幕、音频等素材。

2.4.4　打开项目文件

用户可打开已保存的项目文件,通过编辑该文件中的所有素材,渲染生成新的影片。本节将介绍打开项目文件的步骤。

素材文件

教学资源 \ 视频 \ 第 2 章 \2.4.4 打开项目文件

01 单击选中项目文件图标 ,双击鼠标左键即可将其打开,如图 2-50 所示。

图 2-50　双击项目图标

02 或者在会声会影中执行"文件"|"打开项目"命令,如图 2-51 所示。

图 2-51　执行"打开项目"命令

03 弹出对话框,选择需要打开的项目文件,单击"打开"按钮,如图 2-52 所示,即可打开该项目。

图 2-52　单击"打开"按钮

2.4.5　保存项目文件

新建的项目文件是临时存储且未命名的,因此需要用户对项目保存并命名,方便下次快速找到项目。

素材文件

教学资源 \ 视频 \ 第 2 章 \2.4.5 保存项目文件

01 在会声会影中,执行"文件"|"保存"命令,如图 2-53 所示。

图 2-53　执行"文件"|"保存"命令

02 弹出"另存为"对话框,设置文件的保存路径及文件名称,单击"保存"按钮,如图 2-54 所示,即可保存项目文件。

图 2-54　"另存为"对话框

 提示

在项目操作过程中,应注意养成随时保存文件的习惯,以免程序意外关闭而造成丢失。保存项目文件的组合键为 Ctrl+S。

2.4.6　另存项目文件

对当前编辑完成的项目文件进行保存后,若需要将文件进行备份,则只需另外存储一份项目文件即可。

素材文件

教学资源 \ 视频 \ 第 2 章 \2.4.6 另存项目文件

01 在会声会影 X9 中,执行"文件"|"另存为"命令,如图 2-55 所示。

图 2-55　执行"文件"|"另存为"命令

02 弹出"另存为"对话框,设置文件的保存路径及文件名称,单击"保存"按钮即可,如图 2-56 所示。

图 2-56　"另存为"对话框

2.4.7　保存为模板

将项目文件制作完成后,还可以将其保存为模板,保存的项目模板可以在即时项目中找到,方便下次直接调用。

素材文件

教学资源 \ 视频 \ 第 2 章 \2.4.7 保存为模板

01 制作完影片后,执行"文件"|"导出为模板"|"即时项目模板"命令,如图 2-57 所示。

图 2-57　执行"即时项目模板"命令

02 弹出提示对话框,单击"是"按钮,如图 2-58 所示。

图 2-58　单击"是"按钮

03 弹出"另存为"对话框,设置文件保存路径及文件名称,单击"保存"按钮,如图 2-59 所示。

04 弹出"将项目导出为模板"对话框,设置模板缩略图、类别等,如图 2-60 所示。

图 2-59　单击"保存"按钮

图 2-60　"将项目导出为模板"对话框

05 单击"确定"按钮完成设置，弹出提示对话框，如图 2-61 所示。

图 2-61　提示对话框

06 单击"确定"按钮，在即时项目的自定义类别中即可看到保存的模板文件，如图 2-62 所示。

图 2-62　保存的模板

提示

即时项目中的模板可以即调即用，也可将其添加到时间轴后对其进行编辑修改等操作。

2.4.8　保存为智能包

在制作影片时，经常需要从不同的文件夹中添加素材，当文件名称或文件路径发生修改时，程序就无法链接到该素材，程序会弹出如图 2-63 所示的"重新链接"对话框。此时就需要重新链接素材。为避免这种情况的发生，可以在保存项目时将项目保存为智能包。

图 2-63　"重新链接"对话框

智能包的用处就是将项目文件中使用的所有素材，整理到指定的文件夹中。即使是在另外一台计算机上编辑此项目，只要打开这个文件夹中的项目文件，素材就会自动链接，不必再为丢失素材而苦恼了。

素材文件

教学资源 \ 视频 \ 第 2 章 \2.4.8 保存为智能包

01 在会声会影 X9 中编辑项目后，执行"文件"|"智能包"命令，如图 2-64 所示。

图 2-64　执行"文件"|"智能包"命令

02 弹出提示对话框，提示保存当前项目，单击"是"按钮，如图 2-65 所示。

图 2-65　提示对话框

03 弹出"另存为"对话框，设置存储路径与文件名，单击"保存"按钮，如图 2-66 所示。

图 2-66 单击"保存"按钮

04 弹出"智能包"对话框，选择打包类型，选择"文件夹"或"压缩文件"单选按钮，如图 2-67 所示。

图 2-67 选择打包类型

05 这里为默认选择，单击"确定"按钮，项目进行压缩后弹出提示对话框，如图 2-68 所示。

图 2-68 显示渲染进度

06 单击"确定"按钮即可。找到项目保存的路径，此时可以看到所有素材文件打包为一个文件夹，如图 2-69 所示。

图 2-69 项目保存路径

2.5 设置参数属性

为了成倍提高工作效率，在制作影片前应对参数属性进行相应设置，例如设置默认项目保存的路径、默认的素材区间等。

2.5.1 设置常规参数

常规参数包括了撤销的级数、素材显示模式等。

素材文件

教学资源 \ 视频 \ 第 2 章 \2.5.1 设置常规参数 .mp4

01 在会声会影 X9 中执行"设置"|"参数选择"命令，如图 2-70 所示。

图 2-70 执行"设置"|"参数选择"命令

02 弹出的"参数选择"对话框，如图 2-71 所示。此时则可以对常规参数进行设置。

图 2-71 "参数选择"对话框

提示

按快捷键 F6 可快速打开"参数选择"对话框。

下面对常规选项中的各参数进行详细解释。

➢ 撤销：勾选该复选框后可在操作的过程对上一步操作进行撤销操作。

➢ 级数：设置可撤销的步骤次数，数值范围为 1～99。撤销的级数越大占用系统的内存越多，因此在设置时应选用一个合适的值。

➢ 重新链接检查：勾选该复选框后，则自动对项目中的素材进行链接检查，若移动素材的路径或改变素材的名称，会弹出提示对话框提示无法链接素材。

➢ 工作文件夹：当新建的项目未进行保存时，程序默认将临时文件放置在该文件夹内。当非正常关闭软件后，重新打开软件则会弹出对话框，提示是否恢复项目。

➢ 素材显示模式：用于设置时间轴上的素材显示方式，包括"仅略图""仅文件名""略图和文件名"，默认以略图和文件名显示。

➢ 媒体库动画：勾选该复选框，可启用媒体库中的媒体动画。

➢ 将第一个视频素材插入到时间轴时显示消息：会声会影在检测到插入的视频素材的属性与当前项目的设置不匹配时显示提示信息，如图 2-72 所示。

图 2-72　检测对话框

➢ 自动保存间隔：设置自动保存的时间，数值范围为 1～60 分。

➢ 即时回放目标：设置回放项目的目标设备。其提供了 3 个选项，用户可以同时在预览窗口和外部显示设备上进行项目的回放。

➢ 背景色：单击背景色后的色块，可以修改预览窗口的背景色。

➢ 在预览窗口中显示标题安全区域：勾选此复选框，在创建标题时，预览窗口中显示标题安全框，只要文字位于此矩形框内，标题即可完全显示出来。

➢ 在预览窗口中显示 DV 时间码：DV 视频回放时，可预览窗口上的时间码。这就要求计算机的显卡必须兼容 VMR（视频混合渲染器）。

➢ 在预览窗口中显示轨道提示：选择不同覆叠轨道的素材时，在预览窗口的左上角会显示轨道名称，如图 2-73 所示。

图 2-73　显示轨道名称

2.5.2　设置编辑参数

在"参数选择"对话框中，进入"编辑"选项卡，如图 2-74 所示。

图 2-74　"编辑"选项卡

下面对编辑选项中的各参数进行详细讲解。

➢ 应用色彩滤镜：选择调色板的色彩空间，有 NTSC 和 PAL 两种，一般选择 PAL。

➢ 重新采样质量：指定会声会影中的所有效果和素材的质量。一般使用较低的采样质量（例如较好），获取最好的编辑性能。

➢ 用调到屏幕大小作为覆叠轨上的默认大小：勾选该复选框，将插入到覆盖轨道的素材默认大小设置为适合屏幕的大小。

➢ 默认照片/色彩区间：设置添加到项目中的图像素材和色彩的默认长度，区间的时间单位为秒。

➢ 显示 DVD 字幕：设置是否显示 DVD 字幕。

➢ 图像重新采样选项：选择一种图像重新采样的方法，即在预览窗口中的显示。有保持高宽比、保持宽高比(无宽屏幕)和调整到项目大小三个选项。

➢ 对照片应用去除闪烁滤镜：减少在使用电视查看图像素材时所发生的闪烁现象。

➤ 在内存中缓存照片：允许用户使用缓存处理较大的图像文件，以便更有效地进行编辑。

➤ 默认音频淡入／淡出区间：该选项用于设置音频的淡入和淡出的区间，在此输出的值是素材音量从正常至淡化完成之间的时间总值。

➤ 即时预览时播放音频：勾选该复选框，在时间轴内拖曳音频文件的飞梭栏，即可预览音频文件。

➤ 自动应用音频交叉淡化：允许用户使用两个重叠视频，对视频中的音频文件应用交叉淡化。

➤ 默认转场效果的区间：指定应用于视频项目中所有转场效果的区间，单位为秒。

➤ 自动添加转场效果：勾选该复选框后，当项目文件中的素材超过两个时，程序将自动为其应用转场效果。

➤ 默认转场效果：用于设置了自动转场效果时所使用的转场效果。

➤ 随机特效：用于设置随机转场的特效。

2.5.3　设置项目属性

使用会声会影 X9 编辑影片之前，应该先设置项目属性，这决定了影片在预览时的外观和质量。

素材文件

教学资源 \ 视频 \ 第 2 章 \2.5.3 设置项目属性 .mp4

01 执行"设置" | "项目属性"命令，如图 2-75 所示。

图 2-75　执行"设置" | "项目属性"命令

02 弹出"项目属性"对话框，如图 2-76 所示。

图 2-76　"项目属性"对话框

03 在"项目格式"下拉列表中选择"在线"选项，如图 2-77 所示。

图 2-77　选择"在线"选项

04 在"现有项目配置文件"列表中选择一个选项，单击"编辑"按钮，如图 2-78 所示。

图 2-78　单击"编辑"按钮

05 在打开的对话框中分别单击相应的选项卡，设置参数，如图 2-79 所示。

图 2-79　设置参数

2.6 模板快速制作

会声会影 X9 不仅提供了即时项目模板还新增了影音快手。使用这些预设的模板不仅能快速制作影片,还能根据需要替换需要的素材,制作出专业的视频效果。

2.6.1 即时项目

即时项目提供了很多种模板,添加模板并替换素材,可轻松而快速地制作出专业的视频效果。

素材文件

教学资源 \ 视频 \ 第 2 章 \2.6.1 即时项目 .mp4
实例效果

01 进入会声会影,单击素材库中的"即时项目"按钮,如图 2-80 所示。

图 2-80 单击"即时项目"按钮

02 单击 HTML5 类型按钮,从右侧素材库中选择一个项目模板,如图 2-81 所示。

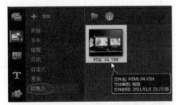

图 2-81 选择项目模板

03 将选中的模板拖曳到时间轴中,如图 2-82 所示。

图 2-82 拖至时间轴

04 选择数字照片素材,单击鼠标右键,执行"替换素材"|"照片"命令,如图 2-83 所示。

图 2-83 执行"替换素材"|"照片"命令

05 在打开的对话框中选择素材路径,然后选择素材,单击"打开"按钮,如图 2-84 所示。

图 2-84 单击"打开"按钮

06 采用同样的方法,将所有的数字照片素材替换为自己的照片素材,如图 2-85 所示。

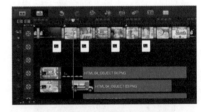

图 2-85 替换素材后

07 同理,也可将其他视频、音频等素材进行替换,并对文字进行修改。

08 修改完成后保存项目。单击导览面板中的"播放"按钮,预览应用即时项目模板的效果,如图 2-86 所示。

图 2-86 预览效果

2.6.2　影音快手

影音快手提供了很多精彩范本，即使是毫无基础的用户也可以快速制作出令人惊叹的出色影片。

📀 **素材文件**

教学资源\视频\第 2 章\2.6.2 影音快手 .mp4
实例效果

01 双击桌面上的"影音快手"图标，或者单击鼠标右键，执行"打开"命令，如图 2-87 所示。

图 2-87　执行"打开"命令

02 启动程序后的界面，如图 2-88 所示。

图 2-88　程序界面

 提示

在会声会影编辑界面中，执行"工具"|"影音快手"命令也可以启动"影音快手"。

03 在右侧所有主题下选择一种主题，如图 2-89 所示。

04 在左侧的预览窗口中单击"播放"按钮，预览主题效果，如图 2-90 所示。

图 2-89　选择主题

图 2-90　预览效果

05 预览效果满意后，在界面下方单击"加入您的媒体"按钮，如图 2-91 所示。

图 2-91　单击"加入您的媒体"按钮

06 进入下一个界面，单击右侧媒体库区域中的"新增媒体"按钮，如图 2-92 所示。

图 2-92　单击"新增媒体"按钮

07 在弹出的对话框中选择需要添加的素材，如图 2-93 所示。

08 单击"打开"按钮，素材被添加到媒体库中，如图 2-94 所示。

图 2-93　选择素材

图 2-94　添加到媒体库

09 选择素材，单击鼠标右键，可对素材执行旋转、删除等编辑操作，如图 2-95 所示。

图 2-95　执行"删除"命令

10 素材添加完成后，若需要调整素材顺序，拖曳素材则会出现橘黄色的竖线，如图 2-96 所示。释放鼠标即可调整素材到该位置。

图 2-96　拖曳素材

11 或拖曳素材到其他素材上，图片上出现 图标，如图 2-97 所示，释放鼠标则可对两个素材进行位置替换。

图 2-97　替换位置

12 素材调整完成后，在左侧的预览窗口在单击"播放"按钮预览效果，如图 2-98 所示。

图 2-98　预览效果

13 将滑块拖曳至字幕范围，或直接单击滑块下方的紫色条，然后单击"编辑标题"按钮，如图 2-99 所示。

图 2-99　单击"编辑标题"按钮

14 在预览窗口将原有字幕删除，输入新的字幕，如图 2-100 所示。

图 2-100　输入字幕

15 选中字幕，在右侧打开的"选项"面板中对标题的字体、颜色等参数进行修改，如图 2-101 所示。

图 2-101 编辑标题选项

16 在预览窗口中直接拖曳文字周围的节点，可调节文字的大小及角度，如图 2-102 所示。

图 2-102 调节文字大小与角度

17 采用同样的方法对其他标题进行编辑。

18 单击选项面板中的"加入音乐"按钮，如图 2-103 所示。

图 2-103 单击"加入音乐"按钮

19 弹出"加入音乐"对话框，选择音乐文件，单击"打开"按钮，如图 2-104 所示。

图 2-104 单击"打开"按钮

20 选择音乐选项下的原音乐文件，单击"删除"图标，如图 2-105 所示。

图 2-105 单击"删除"按钮

21 编辑完成后，单击"选项"按钮关闭"选项"面板，如图 2-106 所示。

图 2-106 单击"选项"按钮

22 再次单击预览窗口中的"播放"按钮预览编辑后的效果。

23 单击"保存并分享"按钮，进入第三步操作界面，如图 2-107 所示。

图 2-107 第三步操作界面

24 在右侧选择文件格式，设置文件名及存储路径，如图 2-108 所示。

图 2-108 设置格式及属性

25 单击左侧预览窗口下的"保存影片"按钮,如图 2-109 所示。

图 2-109 保存影片

26 影片开始进行建构并播放效果,如图 2-110 所示。

图 2-110 播放效果

27 建构完成后弹出提示对话框,单击"确定"按钮,如图 2-111 所示。

图 2-111 单击"确定"按钮

28 影片制作完成后,单击"播放您的最新影片"按钮,如图 2-112 所示。

图 2-112 单击"播放您的最新影片"按钮

29 弹出"播放"对话框,预览最终效果,如图 2-113 所示。

图 2-113 预览最终效果

30 单击"确定"按钮后,单击"在 VideoStudio 编辑"按钮,如图 2-114 所示。

图 2-114 单击"在 VideoStudio 编辑"按钮

31 打开会声会影,可对影片进行进一步的编辑。

第二篇　捕获剪辑篇

第 3 章　视频素材的捕获

在编辑视频前，首先需要捕获视频素材。成功捕获高质量的视频素材，是会声会影视频剪辑的第一步。在会声会影 X9 中，可以从 DV、光盘、摄像头及屏幕中捕获视频。本章将学习在会声会影 X9 中捕获视频素材的操作方法。

3.1　安装与设置 1394 卡

1394 卡是一种最常见的视频采集卡。所谓"视频采集卡"，是将模拟摄像机、录像机、LD 视盘机、电视机等输出的视频数据或视频音频的混合数据输入计算机，并转换成计算机可辨别的数字数据，将其存储在计算机中，成为可编辑处理的视频数据文件。

3.1.1　选购 1394 卡

1394 卡是一种标准的计算机接口卡，和 USB、SCSI 等都是一种概念。1394 卡可分为常见的两类：一种是带有硬件 DV 实时编码功能的 DV 卡；另一种是用软件实现压缩编码的 1394 卡。

> ➤ 带有硬件 DV 实时编码功能的 DV 卡：其可以大幅度提高视频编辑的速度，可以实时处理一些特技转换，而且许多此类板卡有 MPEG2 的压缩功能。
> ➤ 用软件实现压缩编码的 1394 卡：其需要应用软件进行编辑制作，不过在速度方面较慢，但成本比较低。随着 CPU 的不断提速，"软卡"的性能也会逐渐提升。

3.1.2　安装 1394 卡

下面介绍如何正确安装 1394 卡。

01 关闭计算机电源，打开机箱，将 1394 卡安装在一个空的 PCI 插槽上。

02 从 1394 卡包装盒中取出螺丝，将其固定在主板上。

03 将摄像头的信号线连接到 1394 卡上。至此，完成了 1394 卡的硬件安装。

3.1.3　设置 1394 卡

安装 1394 卡后，还需要安装其使用的驱动程序、MPEG 编码器、解码器等。

01 在 Windows 操作系统的桌面上右击"我的电脑"图标，在弹出的快捷菜单中选择"属性"命令，如图 3-1 所示。

图 3-1　选择"属性"命令

02 弹出"系统属性"对话框，在该对话框中，单击"设备管理器"按钮，如图 3-2 所示。

图 3-2　单击"设备管理器"按钮

03 弹出"设备管理器"窗口，在该窗口中可以看到一个"IEEE 1394 总线控制器"选项，该选项就是 IEEE 1394 的驱动程序。

3.2 DV 转 DVD 向导

在"DV 转 DVD 向导"界面中,可以对视频的捕获区间、捕获格式,以及场景检测等进行设置,如图 3-3 所示。设置完成后,即可对视频进行捕获并刻录。

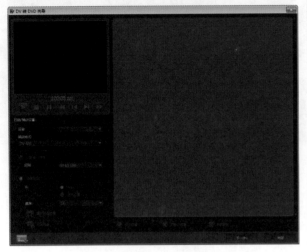

图 3-3 "DV 转 DVD 向导"界面

下面对"DV 转 DVD 向导"界面中的各项功能进行一一介绍。

- ➢ 预览窗口:预览 DV 中录制的视频画面。
- ➢ 时间码:显示视频画面在 DV 中的时间位置。
- ➢ 导览面板:可对视频进行播放、停止、暂停等操作。
- ➢ 设备列表:选择刻录设备。
- ➢ 捕获格式:选择捕获视频的格式,共两种格式。
- ➢ 刻录整个磁带:选中该选项,即可刻录整盘磁带的内容。
- ➢ 场景检测:设置场景检测的起始位置,共有两个选项,用户根据需要自行选择。
- ➢ 速度:设置视频捕获时的速度。
- ➢ 开始扫描:单击该按钮,执行扫描操作。
- ➢ 选项按钮:设置扫描后的视频文件保存的格式。
- ➢ 故事板:用于放置扫描到的视频片段。
- ➢ 标记按钮:对扫描到的场景进行标记。
- ➢ 下一步和关闭按钮:进行程序的下一步操作或关闭界面。

3.3 捕获 DV 中的视频

制作影片前,首先将视频文件捕获到会声会影中才能对其进行编辑,下面介绍捕获 DV 中的视频素材的方法。

3.3.1 设置捕获选项

将 DV 与计算机进行连接后,启动会声会影 X9,单击"捕获"按钮,切换到"捕获"步骤面板,如图 3-4 所示。

图 3-4 "捕获"步骤面板

在"捕获视频"面板中,可设置相应的选项,如来源、格式、捕获文件夹等,如图 3-5 所示。

图 3-5 设置捕获选项

下面来介绍选项面板中各参数的功能及作用。

- ➢ 区间:用于设置捕获视频的时间长度。单击区间数值,当其处于闪烁状态时,单击三角按钮,即可调整设置的时间。在捕获视频时,区间显示当前捕获视频的时间长度,也可预先指定数值,捕获指定长度的视频。
- ➢ 来源:显示检测到的捕获设备,列出计算机上安装的其他捕获设备。
- ➢ 格式:提供一个选项列表,可在此选择文件格式,用于保存捕获的视频。
- ➢ 捕获文件夹:此功能指定一个文件夹,用于保存所捕获的文件。
- ➢ 捕获到素材库:选择或创建你想要保存视频的库文件夹。
- ➢ 按场景分割:根据用 DV 摄像机捕获视频的日期和时间的变化,将捕获的视频自动分割为多个文件。
- ➢ 选项:显示一个菜单,在该菜单上,可以修改捕获设置。
- ➢ 捕获视频:将视频从来源传输到硬盘。
- ➢ 抓拍快照:可将显示的视频帧捕获为照片。
- ➢ 禁止音频预览:单击该按钮,可在捕获期间静音。

3.3.2　捕获 DV 视频

在会声会影 X9 编辑器中，将 DV 与计算机相连接，即可进行视频的捕获。下面介绍捕获 DV 视频的方法。

01 启动会声会影，单击"捕获"按钮，切换至"捕获"步骤面板，单击"捕获视频"按钮，如图 3-6 所示。

图 3-6　单击"捕获视频"按钮

02 进入捕获界面，单击"捕获文件夹"按钮，如图 3-7 所示。

图 3-7　单击"捕获文件夹"按钮

03 弹出"浏览文件夹"对话框，选择需要保存的文件夹的位置，如图 3-8 所示。单击"确定"按钮。

图 3-8　选择保存路径

04 单击"捕获视频"按钮，开始捕获视频，如图 3-9 所示。

图 3-9　捕获视频

05 捕获到需要的区间后，单击"停止捕获"按钮，如图 3-10 所示。

图 3-10　单击"停止捕获"按钮

06 捕获完成的视频文件被保存到素材库中，切换至编辑步骤，在时间轴中即可对捕获到的视频进行编辑。

提示

在捕获完成后，如果不需要对视频进行编辑，则直接进入指定的保存文件夹，即可对捕获的视频文件进行查看。

3.4　捕获 DV 中的静态图像

在会声会影中，除了可以捕获视频文件外，还可以捕获静态图像。下面介绍从 DV 中捕获静态图像的方法。

捕获图像前需要在参数选择对话框中对捕获参数进行设置。

01 启动会声会影，执行"设置"|"参数选择"命令，如图 3-11 所示。

图 3-11　执行"参数选择"命令

02 弹出"参数选择"对话框，单击"捕获"选项卡，如图 3-12 所示。

03 单击"捕获格式"右侧的三角按钮，在弹出的下拉列表中选择 JPEG 选项，如图 3-13 所示。

04 单击对话框下方的"确定"按钮，完成捕获图像参数的设置。

图 3-12 "捕获"选项卡

图 3-13 选择捕获格式

05 将 DV 与计算机连接,进入会声会影 X9 编辑器后,切换至"捕获"步骤面板,单击导览面板中的"播放"按钮,如图 3-14 所示。

图 3-14 单击"播放"按钮

06 播放至合适位置后,单击导览面板中的"暂停"按钮,找到需要捕获的画面,如图 3-15 所示。

图 3-15 单击"暂停"按钮

07 在"选项"面板中,单击"捕获文件夹"按钮,如图 3-16 所示。

图 3-16 单击"捕获文件夹"按钮

08 在弹出的"浏览文件夹"对话框中,选择保存位置,如图 3-17 所示。

图 3-17 选择保存位置

09 单击"确定"按钮,在选项面板中单击"抓拍快照"按钮,如图 3-18 所示。

图 3-18 单击"抓拍快照"按钮

10 捕获静态图像完成后,会自动保存到素材库中,如图 3-19 所示。

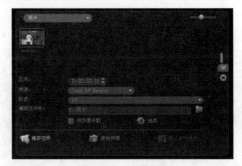

图 3-19 素材库

3.5　从其他设备中捕获视频

除了从 DV 中捕获视频外，还可以从光盘、屏幕等其他设备中捕获视频。本节将介绍从其他设备中捕获视频的方法。

3.5.1　捕获光盘中的视频

在会声会影中选择"从数字媒体导入"即可捕获光盘中的视频。

1. 捕获视频

素材文件

教学资源 \ 视频 \ 第 3 章 \3.5.1 捕获光盘中的视频 .mp4
实例效果

01 启动会声会影，单击"捕获"按钮，进入"捕获"步骤面板，如图 3-20 所示。

图 3-20　单击"捕获"按钮

02 单击"捕获"面板中的"从数字媒体导入"按钮，如图 3-21 所示。

图 3-21　单击"从数字媒体导入"按钮

03 弹出"选取'导入源文件夹'"对话框，选择需导入的路径，如图 3-22 所示。

04 单击"确定"按钮，弹出"从数字媒体导入"对话框，单击"起始"按钮，如图 3-23 所示。

图 3-22　选择需导入的路径

图 3-23　单击"起始"按钮

05 打开另外一个对话框，选中素材左上角处的复选框，如图 3-24 所示。

图 3-24　选中素材复选框

06 在工作文件夹后单击"选取目标文件夹"按钮，弹出对话框，设置导出视频的存储路径，如图 3-25 所示。

图 3-25　设置存储路径

07 单击"确定"按钮关闭对话框。单击"开始导入"按钮，如图 3-26 所示。

图 3-26 单击"开始导入"按钮

08 文件开始导入，并显示导入进程，如图 3-27 所示。

图 3-27 导入进程

09 弹出"导入设置"对话框，设置参数，如图 3-28 所示。

图 3-28 设置参数

10 单击"确定"按钮，素材即可导入到会声会影的素材库中，同时插入到时间轴中。在预览窗口中预览导入的视频素材，如图 3-29 所示。

图 3-29 预览导入的视频素材

2. "从数字媒体导入"对话框功能详解

下面对"从数字媒体导入"对话框中的各功能参数进行一一介绍。

➢ 预览素材：选择素材后，单击该按钮，则会弹出"预览"对话框，可对选取的素材进行效果预览，如图 3-30 所示。

图 3-30 "预览"对话框

➢ 显示视频   ：仅显示所有的视频文件。
➢ 显示图片   ：仅显示所有图片文件。
➢ 显示全部素材   ：显示包括视频、图片在内的全部素材。
➢ 按源文件排序   ：将素材以源文件的顺序进行排列。
➢ 按时间排序   ：将素材以时间的顺序进行排列。
➢ 选取全部素材   ：将所有素材全部选中。
➢ 清除选取   ：将选取的素材全部取消选取。
➢ 反转选取   ：反向选取，即将没有选中的素材全部选中。
➢ 更改略图大小：通过拖曳滑块调整缩略图的大小。

3.5.2 屏幕捕获视频

会声会影可以直接将网络中的游戏竞技、体育赛事捕获下来，并应用于会声会影中进行剪辑、制作及分享。

📁 素材文件

教学资源 \ 视频 \ 第 3 章 \ 3.5.2 屏幕捕获视频 .mp4
实例效果

01 启动会声会影，单击"捕获"按钮，切换至"捕获"步骤面板，如图 3-31 所示。

图 3-31 单击"捕获"按钮

02 在捕获面板中，单击"屏幕捕获"按钮，如图 3-32 所示。

图 3-32 单击"屏幕捕获"按钮

03 执行操作后，弹出屏幕捕获定界框，如图 3-33 所示。

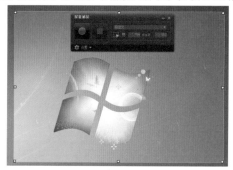

图 3-33 "屏幕捕获"窗口

04 将鼠标放在捕获框的四周，当鼠标变成双向箭头时，拖曳鼠标即可调整捕获框的大小，如图 3-34 所示。

图 3-34 调整捕获框的大小

05 选中中心控制点，调整捕获窗口的位置，如图 3-35 所示。

06 单击"设置"右侧的倒三角按钮，查看更多的设置，如图 3-36 所示。

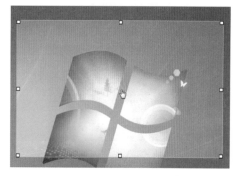

图 3-35 调整捕获框的位置

图 3-36 单击下三角按钮

07 在弹出的列表中，设置文件名称及文件保存的路径，如图 3-37 所示。

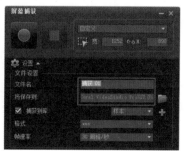

图 3-37 设置文件名及保存路径

08 在"音频设置"选项组中，单击"声效检查"按钮，如图 3-38 所示。

图 3-38 单击"声效检查"按钮

09 单击"记录"按钮，如图 3-39 所示。试音完成后，单击"停止"按钮。

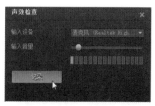

图 3-39 单击"记录"按钮

10 开始播放试音效果。播放后，关闭"声效检查"窗口。单击"开始录制"按钮，如图 3-40 所示。

图 3-40　单击"开始录制"按钮

11 3 秒倒计时过后，开始录制视频。按快捷键 F10 停止录制，弹出提示对话框，如图 3-41 所示。

图 3-41　提示对话框

12 单击"确定"按钮。在会声会影的素材库中查看捕获到的屏幕视频，如图 3-42 所示。

图 3-42　素材库

3.5.3　定格动画

定格动画通过逐格地拍摄对象之后使之连续放映，从而产生仿佛活了一般的人物或你能想象到的各种奇异角色。本节将学习在会声会影中通过定格动画导入视频的操作。

1. 认识定格动画

在"捕获"步骤面板中单击"定格动画"按钮，如图 3-43 所示。即可打开"定格动画"对话框，如图 3-44 所示。

图 3-43　单击"定格动画"按钮

图 3-44　"定格动画"对话框

下面介绍定格动画的各部分功能。

> 项目名称：用来设置视频的名称。
> 捕获文件夹：用来保存文件到指定的文件夹中。
> 保存到库：选择"样本"或"新建文件夹"来保存影片。
> 图像区间：每张图像的播放区间，以"帧"为单位。
> 捕获分辨率：分辨率决定了影片的画面大小及清晰度，用户可以进行设置。
> 自动捕获：选择该选项，程序会在指定频率下自动捕获影像。
> 描图纸：可以调整各帧图像的位置，便于精确调整动画角色的动作及位置。

2. 使用定格动画

定格动画通过简单的操作，可以让一张张照片或图像变成栩栩如生的动画。

素材文件

教学资源 \ 视频 \ 第 3 章 \3.5.3 定格动画 .mp4

01 启动会声会影，单击"捕获"按钮，切换至"捕获"步骤面板，如图 3-45 所示。

图 3-45　单击"捕获"按钮

02 在选项面板中，单击"定格动画"按钮，如图 3-46 所示。

图 3-46　单击"定格动画"按钮

03 弹出"定格动画"对话框,单击"导入"按钮,如图
3-47 所示。

图 3-47 单击"导入"按钮

04 在弹出的对话框中选择素材,并单击"打开"按钮,
如图 3-48 所示。

图 3-48 单击"打开"按钮

05 执行操作后,回到"定格动画"对话框,单击"播放"
按钮预览效果,如图 3-49 所示。

图 3-49 单击"播放"按钮

06 根据需要可调整每帧图像的位置,单击"保存"按钮,
如图 3-50 所示。

07 关闭对话框,在会声会影素材库中新增了定格动画的
视频,如图 3-51 所示。

图 3-50 单击"保存"按钮

图 3-51 素材库

08 在预览窗口中预览定格动画的效果,如图 3-52 所示。

图 3-52 预览效果

 提示

　　在时间轴中单击"录制/捕获选项"按钮,在弹
出的对话框中单击"定格动画"按钮,如图 3-53 所示,
可以快速跳至定格动画界面。

图 3-53 单击"定格动画"按钮

第 4 章　素材的管理与编辑

使用会声会影制作个人影片会用到多种素材，所以素材的管理与编辑是最基本的操作，包括如何管理素材库、如何编辑视频素材、如何剪辑视频素材、如何编辑图像素材等。

4.1　素材库的管理

在会声会影中，素材库提供了包括视频、音频、照片、转场、标题、图形素材和路径等多种预设素材及效果，只有善于管理素材库才能在后续的视频编辑中得心应手与事半功倍。

4.1.1　查看素材库

单击素材库中的"媒体""即时项目""转场""标题""图形""滤镜""路径"按钮，可以切换到相应的素材库中。素材库显示对应的素材。

选择媒体素材库时，素材库中同时显示了视频、照片、音频三种文件，如图 4-1 所示。

图 4-1　媒体素材库

若只需单独显示或隐藏某种格式的素材文件，可通过单击三个按钮中的任意一个，如单击"隐藏照片"按钮，此时的图标颜色呈黑白显示，表示素材库中的"照片"素材已经隐藏起来，如图 4-2 所示，如果再次单击该按钮，将重新显示照片素材。

素材库右上角的滑块可以控制缩览图显示的大小，拖曳到最左边时，缩略图为最小显示，即 72 像素 ×61 像素，如图 4-3 所示；拖曳到最右边时，缩略图为最大显示，即 332 像素 ×285 像素，如图 4-4 所示。

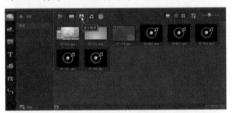

图 4-2　显示照片素材

图 4-3　最小视图

图 4-4　最大视图

提示

默认的缩览图大小为 104 像素 ×89 像素。

4.1.2　素材显示视图

素材的显示方式有缩略图视图和列表视图两种。

素材文件

教学资源 \ 视频 \ 第 4 章 \4.1.2 素材显示视图 .mp4

01 在素材库中素材的默认显示方式为缩略图视图，单击"隐藏标题"按钮，如图 4-5 所示。

图 4-5　单击"隐藏标题"按钮

02 隐藏标题后，仅显示缩略图，效果如图 4-6 所示。

图 4-6　隐藏标题

03 单击"列表视图"按钮，素材库中的素材以列表的方式显示，如图 4-7 所示。

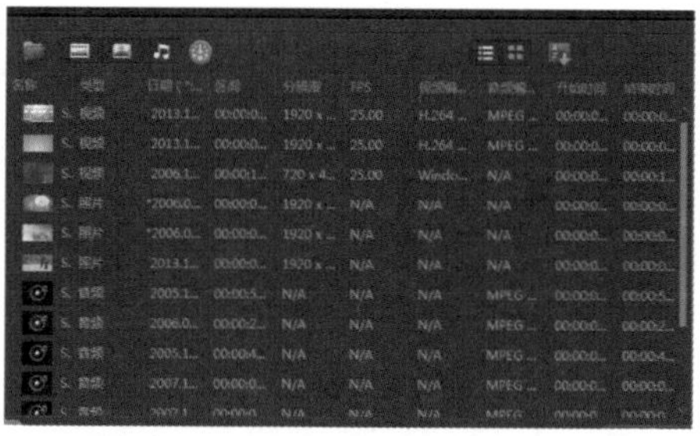

图 4-7　列表视图

4.1.3　对素材进行排序

当素材库的素材数量较多时，为方便查找，可通过排序来显示素材。素材库可以按名称、类型、日期排序。

素材文件

教学资源 \ 视频 \ 第 4 章 \4.1.3 对素材进行排序 .mp4

01 在媒体素材库中，单击"对素材库中的素材排序"按钮，在弹出的列表中选择"按日期排序"选项，如图 4-8 所示。

图 4-8　选择"按日期排序"选项

02 媒体素材会根据日期进行排列，如图 4-9 所示。此外，用户还可以选择按类型或日期进行排序。

图 4-9　按照日期排列

03 单击"列表视图"按钮，使素材以列表的方式显示。单击"名称"按钮，列表中的素材就会以名称顺序进行排列，如图 4-10 所示，再次单击，则会以倒序排序。

图 4-10　按名称排序

04 单击"类型"按钮，列表中的素材会以素材的类型进行排序，如图 4-11 所示。

图 4-11　按类型排序

05 同理，单击"日期""区间""分辨率"等按钮，列表中的素材会进行相应的排列。在单击"名称""类型""日期"按钮后会出现向上或向下的三角形，当三角形向上时则为顺序排列，当三角形向下时则为倒序排列。

提示

当选择相应的选项后，素材的内容不能完全显示时，可以将鼠标放置在两个选项之间，进行拖曳，如图 4-12 所示。

图 4-12　拖曳

4.1.4　浏览文件夹

在会声会影素材库中单击"浏览文件"按钮可以浏览计算机中的素材文件，需要的素材可以添加到素材库中。

素材文件

教学资源 \ 视频 \ 第 4 章 \4.1.4 浏览文件夹 .mp4

01 在素材库左下方单击"浏览"按钮 ，如图 4-13 所示。

图 4-13　单击"浏览"按钮

02 打开资源管理器，浏览计算机中的素材，如图 4-14 所示。

图 4-14　浏览素材

4.1.5　添加媒体文件

将需要经常使用的媒体素材添加到素材库中，可以方便查找。

素材文件

教学资源 \ 视频 \ 第 4 章 \4.1.5 添加媒体文件 .mp4

1．素材库添加

将媒体文件添加到素材库中可方便下次直接调用。

01 在媒体素材库左侧单击"添加"按钮 ，如图 4-15 所示。

图 4-15　单击"添加"按钮

02 即可新增一个素材文件夹，并对文件夹进行重命名，如图 4-16 所示。

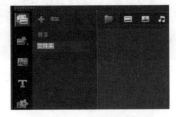

图 4-16　新增文件夹

提示

若需要删除新增的文件夹，可选择文件夹，单击鼠标右键，执行"删除"命令即可。

03 单击素材库上方的"导入媒体文件"按钮 ，如图 4-17 所示。

图 4-17　单击"导入媒体文件"按钮

04 弹出对话框，选择需要导入的素材，单击"打开"按钮，如图 4-18 所示。

图 4-18　单击"打开"按钮

05 选择的素材已添加到素材库中，如图 4-19 所示。

图 4-19　添加素材

06 在素材库中单击鼠标右键，执行"插入媒体文件"命令，如图 4-20 所示。可以再次选择需要的素材并添加到素材中。

图 4-20　执行"插入媒体文件"命令

2．菜单添加

单击"文件"菜单，在下拉列表中选择相应的命令，即可添加素材到素材库中。

01 执行"文件" | "将媒体文件插入到素材库" | "插入照片"命令，如图 4-21 所示。

图 4-21　执行"插入照片"命令

02 弹出"浏览照片"对话框，选择素材，单击"打开"按钮，如图 4-22 所示，即可添加素材到素材库中。

图 4-22　单击"打开"按钮

提示

将计算机中的文件直接拖曳到素材库中可以快速添加素材。在制作影片的过程中，也可将添加到时间轴的素材拖曳到素材库中。

4.1.6　添加色彩素材

在图形素材库中的色彩素材样本十分有限，不能满足我们制作影片的需要，下面将介绍如何添加色彩素材。

视频文件

教学资源 \ 视频 \ 第 4 章 \4.1.6 添加色彩素材 .mp4

01 在素材库中单击"图形"按钮，如图 4-23 所示。

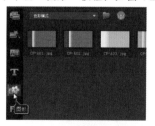

图 4-23　单击"图形"按钮

02 进入图形素材库中，单击画廊的倒三角按钮，选择"色彩"类型，如图 4-24 所示。

图 4-24　选择"色彩"类型

03 在色彩素材库中单击"添加"按钮，如图 4-25 所示。

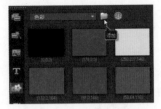

图 4-25 单击"添加"按钮

04 弹出"新建色彩素材"对话框，在色彩后面的三个文本框中分别输入需要添加颜色的 RGB 值，左侧色块即会显示相应的颜色，如图 4-26 所示。

图 4-26 输入 RGB 值

05 单击"确定"按钮即可添加色彩到素材库中。

06 或者在"新建色彩素材"对话框中单击色彩后的色块，在弹出的列表中可以直接选择色盘中的 36 种颜色，如图 4-27 所示。

图 4-27 选择色盘颜色

07 也可以单击"Corel 色彩选取器"或"Windows 色彩选取器"按钮。这里单击"Corel 色彩选取器"按钮，弹出 Corel Color Picker 对话框，如图 4-28 所示。用户可以根据个人需要，选择需要的颜色。

图 4-28 Corel Color Picker 对话框

08 使用上述多种方法添加选择颜色后，在"新建色彩素材"对话框中单击"确定"按钮，即可将色彩添加到素材库中，如图 4-29 所示。

图 4-29 添加色彩素材

提示

添加的色彩素材名称即为该色彩的 RGB 值。选择素材，单击"选项"按钮，在选项面板可以选中色块，再次修改颜色。

4.1.7 删除素材文件

添加到素材库的文件若不再需要，则可将其删除。

素材文件

教学资源 \ 视频 \ 第 4 章 \4.1.7 删除素材文件 .mp4

01 选择素材，单击鼠标右键，执行"删除"命令，如图 4-30 所示。

图 4-30 执行"删除"命令

02 弹出提示对话框，单击"是"按钮即可删除该素材，如图 4-31 所示。

图 4-31 单击"是"按钮

提示

选择素材库中不需要的素材，按 Delete 键可快速将其删除。

4.1.8　重置素材库

当将程序提供的样本素材删除后需要将其恢复，或者需要一次性将添加到素材库中的所有素材全部删除时，可以执行"重置素材库"的操作。

素材文件

教学资源 \ 视频 \ 第 4 章 \4.1.8 重置素材库 .mp4

01 在会声会影中，执行"设置" |"素材库管理器" |"重置库"命令，如图 4-32 所示。

图 4-32　执行"重置库"命令

02 弹出"重置库"提示对话框，单击"确定"按钮，如图 4-33 所示。

图 4-33　单击"确定"按钮

03 弹出提示对话框，此时的素材库已恢复到默认状态，单击"确定"按钮即可，如图 4-34 所示。

图 4-34　单击"确定"按钮

4.2　编辑视频素材

在影视作品中，视频编辑经常起到神奇的作用。它可以逆转时间、慢动作地播放精彩的画面等，而这一系列的剪辑技巧都让观众体验到了完全不同的视听效果。

会声会影 X9 拥有强大且专业的视频编辑功能。在编辑视频时，灵活地运用这些编辑功能可达到事半功倍的效果。

4.2.1　控制视频区间

通常我们将拍摄的视频作为素材时，需要调整其结束的时间。

素材文件

教学资源 \ 视频 \ 第 4 章 \4.2.1 控制视频区间 .mp4 实例效果

01 在会声会影视频轨中单击鼠标右键，执行"插入视频"命令，如图 4-35 所示。

图 4-35　执行"插入视频"命令

02 弹出"打开视频文件"对话框，选择视频素材，单击"打开"按钮，如图 4-36 所示。

图 4-36　单击"打开"按钮

03 将视频素材添加到视频轨中，如图 4-37 所示。

图 4-37　添加视频素材

04 单击"选项"按钮，进入选项面板，在"视频区间"中可以看到当前的区间，如图 4-38 所示。

图 4-38　视频区间

05 在区间中单击鼠标，当数值处于闪烁状态时，即可直接输入需要的区间数值，按 Enter 键确认，如图 4-39 所示。

图 4-39　输入区间

06 此时，时间轴的视频已改变区间，如图 4-40 所示。

图 4-40　改变区间后

4.2.2　旋转视频

有时由于拍摄设备的不同，我们在拍摄时可能会将设备旋转后拍摄，那么，在进行视频剪辑时就需要将其旋转，恢复到正常的方向。

素材文件

教学资源 \ 视频 \ 第 4 章 \4.2.2 旋转视频 .mp4
实例效果

01 将需要旋转的视频拖曳到会声会影的视频轨中，如图 4-41 所示。

02 双击素材，打开"选项"面板，单击"向左旋转"按钮，如图 4-42 所示。

图 4-41　添加视频素材

图 4-42　单击"向左旋转"按钮

03 此时的视频即已经恢复到正常的方向了，如图 4-43 所示。

图 4-43　恢复正常方向

4.2.3　视频色彩校正

在拍摄视频时，有可能会遇到天气不佳、光线过强等各种情况，致使拍摄出来的效果欠佳。在会声会影 X9 中，可以通过色彩校正来修正素材的光线及色调，恢复视频的色彩效果。

1．色彩校正视频

素材文件

教学资源 \ 视频 \ 第 4 章 \4.2.3 视频色彩校正 .mp4
实例效果

01 在会声会影的视频轨中添加需要进行色彩校正的视频素材，原素材效果如图 4-44 所示。

图4-44　添加视频到视频轨中

02 进入"选项"面板，单击"色彩校正"按钮，如图4-45所示。

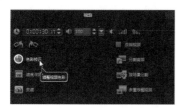

图4-45　单击"色彩校正"按钮

03 在展开的面板中，勾选"自动调整色调"复选框，然后单击"坞光"按钮，如图4-46所示。

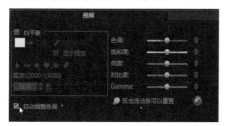

图4-46　勾选"自动调整色调"复选框

04 此时在预览窗口中即可查看到调整色调后的效果，如图4-47所示。

图4-47　调整色调后的效果

2. 色彩校正参数详解

下面对"色彩校正"面板中的参数进行详细介绍。

● 白平衡

通常在使用数码摄像机拍摄的时候都会遇到这样的问题：在日光灯的房间里拍摄的影像会偏绿；在室内钨丝灯光下拍摄出来的景物会偏黄；而在日光阴影处拍摄到的照片则莫名其妙地偏蓝，其原因就在于"白平衡"

的设置不正确。通过调整白平衡可以解决色彩还原和色调处理的一系列问题。

勾选"白平衡"复选框，如图4-48所示。

图4-48　勾选"白平衡"复选框

下面对白平衡的参数进行介绍。

> 自动 ：选中"白平衡"复选框后，程序则自动为素材计算白点，即自动设置白平衡。

> 选取色彩 ：单击该按钮后，可手动在预览窗口中选取白平衡基准点。

> 显示预览：勾选该复选框后，在右侧面板显示预览帧效果，如图4-49所示。

图4-49　勾选"显示预览"复选框

> 坞光 ：坞光也称为"白炽光"或者"室内光"，用于校正偏黄或偏红的画面，一般适用于在坞光灯环境下拍摄的视频或照片素材。

> 荧光 ：适用于荧光灯环境下拍摄的素材，使用荧光灯校正的素材画面呈现偏蓝的冷色调。

> 日光 ：日光白平衡适用于在灯光夜景、日出日落、烟花火焰等拍摄的素材。可校正色调偏红的素材。

> 云彩 ：适用于校正多云天气下拍摄的素材，将昏暗处的光线调至原色状态。

> 阴暗 ：应用阴暗白平衡后，素材呈现偏黄的暖色调。适用于校正颜色偏蓝的素材。

> 温度：通过输入数值或拖曳滑块调整温度值，范围为 2000 ～ 13000。

● 自动调整色调

自动调整色调可以增加或减少高光、中间调即阴影区域中的特定颜色，从而改变照片的整体色调。

勾选该复选框后，可单击右侧的三角按钮，在弹出的列表中选择不同的选项，如图4-50所示。

图 4-50 勾选"自动调整色调"复选框

下面对各选项进行详细介绍。

➤ 最亮：当素材画面较暗淡时，可以选择该选项，调整素材画面的色彩为高亮显示状态。

➤ 较亮：调整图像的色彩为较亮。

➤ 一般：适合一般光照下的普通图像，调整后的颜色差异较小。

➤ 较暗：适合曝光不是太强的图像，可以弥补曝光缺陷。

➤ 最暗：可以将图像的亮度变暗，使画面呈暗灰色。

● 色调

色调用于调整画面的颜色。通过向左或向右拖曳滑块，即可根据颜色条来改变颜色，如图 4-51 所示。

图 4-51 色调滑块

● 饱和度

饱和度用于调整画面的色彩鲜艳程度，即纯度。向左拖曳滑块时，色彩饱和度降低，向右拖曳滑块色彩饱和度变大。饱和度越大，颜色越鲜艳；饱和度越小，颜色越暗淡，如图 4-52 所示。

图 4-52 不同饱和度的图像效果

 提示

更改饱和度后可通过双击滑块恢复到默认的数值。

● 亮度

通过拖曳亮度滑块调整画面的明暗，亮度数值越大画面越亮，数值越小画面越暗。

● 对比度

通过拖曳对比度滑块调整画面的明暗度。对比度数

值越大，画面对比越强烈；对比度数值越小，画面对比越微弱。

● Gamma

通过拖曳 Gamma 滑块来调整画面的明暗平衡。

 提示

单击"重置"按钮，可以将所有的滑动条重置为默认值。

4.2.4 调整视频的播放速度

调整视频的播放速度是影视作品中常用的技术手段，如表现来往的车辆、匆茫的人群的快动作播放，武打动作的慢放镜头等。通过调整视频的播放速度，不仅能更好地阐述所要表达的意境，还能创造更为生动、有趣的视觉效果。

1．加快视频播放速度

素材文件

教学资源\视频\第 4 章\4.2.4 调整视频的播放速度 .mp4
实例效果

01 在会声会影视的频轨中添加视频素材，如图 4-53 所示。

图 4-53 添加素材

02 打开"选项"面板，单击"速度/时间流逝"按钮，如图 4-54 所示。

图 4-54 单击"速度/时间流逝"按钮

选择素材，单击鼠标右键，弹出的快捷菜单，执行"速度 / 时间流逝"命令，也可以打开"速度 / 时间流逝"对话框。

03 进入"速度 / 时间流逝"对话框，直接输入速度值或者向右拖曳"速度"选项下的滑块，如图 4-55 所示。

图 4-55　拖曳滑块

04 单击"确定"按钮完成设置，此时时间轴上的素材区间发生了改变，如图 4-56 所示。

图 4-56　改变区间后的素材

05 单击导览面板上的"播放"按钮，预览调整速度后的播放效果。

在时间轴中选择素材，按住 Shift 键拖曳素材的右端，可以快速调整视频的播放速度。

2．"速度 / 时间流逝"参数详解

下面对"速度 / 时间流逝"对话框中的各参数进行详细介绍。

➤ 原始素材区间：原素材的区间。

➤ 新素材区间：在新素材区间中设置数值，当设置的区间大于原始区间时，则素材的速度变慢；当设置的区间小于原始区间时，则速度变快。

➤ 帧频率：每秒刷新画面的速度，如果设置帧频率

为 2，速度保持为 100%，画面则会产生闪频的效果。

➤ 速度：用于调整素材的播放速度，数值的范围为10% ～ 1000%。

➤ 滑轨：显示慢、正常、快三个数值，向左拖曳则减慢视频素材；向右拖曳则加快视频速度。

➤ 预览：单击"预览"按钮，则在预览窗口中播放调整视频速度的效果。

4.2.5　变速

变速虽然也是调整视频的播放速度的，但与"速度 / 时间流逝"不同，变速能根据需要分别调整某段区间的速度，也可以制作播放速度时快时慢的视频效果。

1．视频的变频调速

教学资源 \ 视频 \ 第 4 章 \4.2.5 变速 .mp4
实例效果

01 在会声会影视频轨中添加视频素材，如图 4-57 所示。

图 4-57　添加视频素材

02 进入选项面板，单击"变速"按钮，如图 4-58 所示。

图 4-58　单击"变速"按钮

03 弹出"变速"对话框，如图 4-59 所示。

04 将滑块拖至 8 秒处，单击"添加关键帧"按钮，如图 4-60 所示。

图 4-59   "变速"对话框

图 4-60   新建关键帧

05 设置"速度"参数为 300，如图 4-61 所示。

图 4-61   调整速度

06 将滑块拖至 18 秒处，添加关键帧并设置速度为 600，如图 4-62 所示。

图 4-62   新建关键帧并调整速度

07 单击"确定"按钮完成设置，在预览窗口中预览视频效果。

 提示

设置变速后，视频中的音频文件将会自动移除。

2．变速参数详解

下面介绍"变速"对话框中各参数的功能。

➤ 跳到上一帧 ◀️：控制播放滑块到上一个关键帧。

➤ 添加关键帧 ➕：在时间轨上的 ◇ 为一个关键帧，关键帧是事件的转折点。单击该按钮可以添加一个关键帧。

➤ 删除关键帧 ➖：将选中的关键帧从时间轨中删除。

➤ 翻转关键帧 ↘️：将关键帧顺序翻转过来。

➤ 向左移动关键帧 ◀️｜：将关键帧向左移动一帧。

➤ 向右移动关键帧 ｜▶️：将关键帧向右移动一帧。

➤ 跳到下一个关键帧 ➡️：控制播放滑块到下一个关键帧。

➤ 向左移动一帧 ◀️｜：将滑块向左移动一帧，则右侧的预览窗口中则显示上一帧的画面。

➤ 向右移动一帧 ｜▶️：将滑块向右移动一帧，则右侧的预览窗口中则显示下一帧的画面。

➤ 播放 ▶️：单击该按钮后，在右侧预览窗口中播放视频效果。

➤ 放大 ➖：放大显示时间轨视图。

➤ 缩小 ➕：缩小显示时间轨视图。

➤ 速度：可直接在文本框中输入速度参数，或者通过"速度"下方的滑块来调整速度的快慢。

4.2.6 反转视频

在影视剧中，经常会用到反转视频来回放精彩的视频镜头。这种视频编辑技巧，对于制作影视作品而言，是不可或缺的。

素材文件

教学资源\视频\第 4 章\4.2.6 反转视频 .mp4
实例效果

01 在会声会影视频轨中添加视频素材，如图 4-63 所示。

图 4-63　添加素材

02 展开"选项"面板，勾选"反转视频"复选框，如图 4-64 所示。

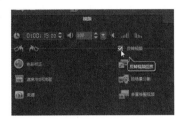

图 4-64　勾选"反转视频"复选框

03 单击"播放"按钮，预览反转视频效果，如图 4-65 所示。

图 4-65　预览效果

4.2.7　抓拍快照

抓拍快照功能可以将视频中的某个画面抓拍下来，生成照片素材。

素材文件

教学资源 \ 视频 \ 第 4 章 \4.2.7 抓拍快照 .mp4
实例效果

01 在会声会影视频轨中添加视频素材，如图 4-66 所示。

图 4-66　添加视频素材

02 选择素材，拖曳时间滑块到合适的位置，执行"编辑"|"抓拍快照"命令，如图 4-67 所示。

图 4-67　执行"抓拍快照"命令

03 抓拍的照片素材自动生成并保存到素材库中，如图 4-68 所示。

图 4-68　保存到素材库

04 在预览窗口中预览生成的快照效果，如图 4-69 所示。

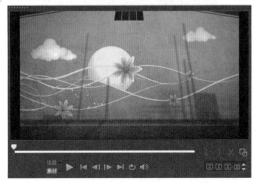

图 4-69　预览效果

提示

使用"抓拍快照"生成的照片格式为 BMP。

4.2.8　标记为 3D

会声会影支持 3D 媒体素材。标记的 3D 媒体素材带有 3D 标记,很容易辨别且使 3D 媒体素材可用于 3D 编辑。

素材文件

教学资源 \ 视频 \ 第 4 章 \4.2.8 标记为 3D.mp4

01 选择时间轴或素材库中的视频文件,单击鼠标右键,执行"标记为 3D"命令,如图 4-70 所示。

02 弹出"3D 设置"对话框,如图 4-71 所示。

图 4-70　执行命令　　图 4-71　"3D 设置"对话框

03 选择除 2D 以外的其他选项后,单击"确定"按钮,时间轴或素材库中的素材缩略图会添加 3D 标记,如图 4-72 所示。

图 4-72　3D 标记

提示

在会声会影中,导入过程中会自动检测 MVC 和 MPO 素材并标记为 3D。在 3D 模式下编辑时,必须将视频和照片素材标记为 3D。

下面对"3D 设置"对话框中的参数进行详细介绍。

➢ 2D:默认设置,表示所选素材未被识为 3D 素材。

➢ 并排:通过分割左右眼看到的各个帧的水平分辨率的方式提供 3D 内容。由于并排 3D 使用的带宽较低,因此有线频道通常用其播放 3D 电视机内容。包括"从左到右"和"从右到左"两个选项。"从左到右"格式是播放内容的常用选项,最常用于从 3D 视频相机导入或捕获的媒体素材。"从右到左"选项最常用于从网站捕获的媒体素材。

➢ 上 - 下:通过分割左右眼看到的各个帧的垂直分辨率的方式提供 3D 内容。水平像素越高,此选项越适合用于显示摇动动作。包括"从左到右"和"从右到左"两个选项。

➢ 多视点视频编码:生成高清晰度两视点(立体)视频或多视点 3D 视频。

提示

要保留 3D 属性,请确保仅分割或修整 3D 媒体素材。为 3D 素材应用 2D 效果或滤镜会将 3D 素材转换为 2D 素材。

4.2.9　创建智能代理文件

会声会影智能代理功能会自动为高质量视频文件建立低解析度视频代理,用以在编辑器中读取编辑。

创建智能代理的好处有以下几点。

➢ 对高质量的原始视频进行渲染操作时,智能代理功能大大提升了渲染输出的操作速度,节省资源耗费。

➢ 可以在处理高清影片时自动产生低分辨率的影片,从而代替原有影片进行剪辑,在完成剪辑后将所有剪辑效果应用到原有的高清影片上,即使是在计算机配置不高的情况下也可以轻松捕获、录入和剪辑高清影片。

➢ 在编辑过程中,会声会影用智能代理智能读取素材库中的素材,大大提升了编辑操作的速度,且对最后的输出质量不会产生影响。

下面介绍如何使用创建智能代理文件。

素材文件

教学资源\视频\第 4 章\4.2.9 创建智能代理文件 .mp4

01 启动会声会影，执行"设置"|"智能代理管理器"|"启用智能代理"命令，即可启用智能代理，如图 4-73 所示。

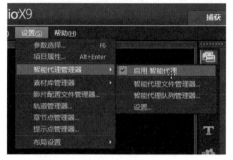

图 4-73　执行"启用智能代理"命令

02 执行"设置"|"智能代理管理器"|"设置"命令，在打开的"参数选择"对话框中可以设置代理文件大小、代理文件夹等，如图 4-74 所示。

图 4-74　"参数选择"对话框

03 单击"确定"按钮完成设置。在视频轨中添加视频素材，如图 4-75 所示。

图 4-75　添加视频素材

04 选择素材，单击鼠标右键，执行"创建智能代理文件"命令，如图 4-76 所示。

图 4-76　执行"创建智能代理文件"命令

05 弹出"创建智能代理文件"对话框，如图 4-77 所示。

图 4-77　"创建智能代理文件"对话框

06 单击"确定"按钮。时间轴的视频素材上即添加了智能代理的标记，如图 4-78 所示。

图 4-78　智能代理标记

07 已经设置了智能代理的文件也可以取消设置。执行"设置"|"智能代理管理器"|"智能代理文件管理器"命令，如图 4-79 所示。

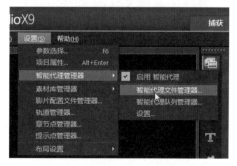

图 4-79　执行"智能代理文件管理器"命令

08 在打开的"智能代理管理器"中就显示了所有的智能代理文件，选中需要取消的文件的复选框，单击"删除选择的代理文件"按钮即可，如图 4-80 所示。

图 4-80 单击"删除选择的代理文件"按钮

4.3 剪辑修整视频素材

拍摄视频时难免会出现晃动、模糊、抖动或杂物入境等意外情况，从而使拍摄出来的画面片段的效果差强人意，而这部分视频通常需要被删剪掉。在会声会影 X9 中，有多种剪辑视频的方法。

4.3.1 通过分割按钮剪辑视频

使用导览面板中的"根据滑轨位置分割素材"按钮可以直接将视频分割为多段。

素材文件

教学资源\视频\第 4 章\4.3.1 通过分割按钮剪辑视频.mp4
实例效果

01 在会声会影视频轨中添加视频素材，如图 4-81 所示。

图 4-81 添加视频素材

02 在导览面板中，拖曳滑块至合适的位置，如图 4-82 所示。

03 单击"根据滑轨位置分割素材"按钮，如图 4-83 所示。

图 4-82 拖曳滑块

图 4-83 单击按钮

04 执行操作后，在时间轴中可以看到素材被分割成了两部分，如图 4-84 所示。

图 4-84 分割后的视频

05 单击"播放"按钮，分段预览最终效果，将不需要的视频按 Delete 键删除即可。

提示

当在时间轴中的不同轨道中添加多个素材，且未选中任何素材的情况下，单击"按照滑轨位置分割素材"按钮则会将时间轴中滑块所在位置的所有素材分割，如图 4-85 所示。

图 4-85 分割了多个轨道中的素材

4.3.2　通过修整栏剪辑视频

修整栏是指导览面板中白色的修整标记区域，通过调整修整标记，即可将视频中需要的部分剪辑出来。

素材文件

教学资源 \ 视频 \ 第 4 章 \4.3.2 通过修整栏剪辑视频 .mp4
实例效果

01 在会声会影视频轨中添加视频素材，如图 4-86 所示。

图 4-86　添加视频素材

02 在导览面板中，将鼠标移动到修剪栏的起始修整柄上，当光标呈 显示时，单击并向右拖曳至合适的位置释放鼠标，即可标记开始点，如图 4-87 所示。

图 4-87　标记开始点

03 将鼠标移动至修剪栏的结束修整柄上，当光标呈 显示时，单击鼠标并向左拖曳至合适的位置释放鼠标，即可标记结束点，如图 4-88 所示。

图 4-88　标记结束点

04 在时间轴中的视频素材即已经剪辑完成，如图 4-89 所示。

图 4-89　剪辑完成

提示

将修整标记拖回原来的开始和结束处，即可恢复修整后的视频到原始状态。

4.3.3　通过黄色标记剪辑视频

在会声会影时间轴中选择素材后，素材周围有一个黄色边框，当将光标放置在黄色边框的左、右两侧，光标呈箭头显示时，拖曳两侧可剪辑出所需的视频区间。

素材文件

教学资源 \ 视频 \ 第 4 章 \4.3.3 通过黄色标记剪辑视频 .mp4
实例效果

01 添加一段视频素材到会声会影视频轨中，如图 4-90 所示。

图 4-90　插入视频到视频轨中

02 选择视频轨中的视频素材，将鼠标移至视频素材的起始位置。当鼠标呈双向箭头形状时，单击鼠标并向右拖曳，如图 4-91 所示。

图 4-91　向右拖曳鼠标

03 拖曳时，光标下显示出所在的时间位置，拖曳至合适位置时释放鼠标，标记素材的起始点。

04 采用同样的方法，将鼠标移至视频素材的末端位置，单击鼠标并向左拖曳，标记素材的结束点，如图 4-92 所示。

图 4-92　向左拖曳鼠标

05 至此，就将需要的视频片段剪辑出来了，如图 4-93 所示。

图 4-93　剪辑后的视频

4.3.4　通过标记按钮剪辑视频

　　使用导览面板中的"开始标记" 和"结束标记" 按钮，会在时间轴上方显示出黄色的标记线，标记线区域即剪辑完成后需要的片段。

📁 素材文件

教学资源\视频\第 4 章\4.3.4 通过标记按钮剪辑视频.mp4
实例效果

01 在会声会影视频轨中添加视频素材，如图 4-94 所示。

图 4-94　添加视频素材

02 移动鼠标至时间轴上方的时间刻度上，此时鼠标呈 形状，如图 4-95 所示。

图 4-95　移动至滑块

03 拖曳滑块至合适的位置，单击导览面板的"开始标记"按钮，如图 4-96 所示。

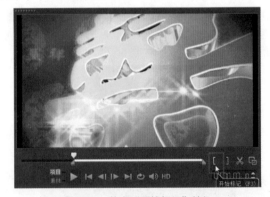

图 4-96　单击"开始标记"按钮

04 此时时间轴上方会出现一条橘红色线，标记视频的开始位置，如图 4-97 所示。

图 4-97　橘红色线

05 将滑块拖至合适的位置，单击"结束标记"按钮，如图 4-98 所示。

图 4-98　单击"结束标记"按钮

06 此时，在时间轴中即可查看剪辑完成后的视频区域，如图 4-99 所示。

图 4-99　视频区域

提示

使用该方法剪辑的视频，是控制播放的视频范围，实际上未将视频进行修剪，输出视频时需要选择输出预览范围。在导览面板中，将修整标记拖曳到原来的位置，即可恢复原素材的播放区间。

4.3.5　通过快捷菜单剪辑视频

除了上述几种剪辑视频素材的方法外，还有一种方法也很常用。

　素材文件

教学资源\视频\第 4 章\4.3.5 通过快捷菜单剪辑视频 .mp4
实例效果

01 在会声会影视频轨中添加视频素材。在时间轴中拖曳滑块到合适的位置，然后在素材上单击鼠标右键，执行"分

割素材"命令，如图 4-100 所示。

图 4-100　执行"分割素材"命令

02 此时，视频素材即被分割为两段，如图 4-101 所示。

图 4-101　分割后的视频

4.3.6　按场景分割视频

按场景分割可以根据场景的内容，拍摄的日期和时间分割场景。使用 DV 拍摄视频时，经常会转换不同的角度、不同的场景。在剪辑时需要将这些不同场景的视频分割出来，使用按场景分割功能是最迅速、最准确的。

素材文件

教学资源\视频\第 4 章\4.3.6 按场景分割视频 .mp4
实例效果

01 在会声会影视频轨中插入一段视频文件，如图 4-102 所示。

图 4-102　插入视频文件

02 展开选项面板，单击"按场景分割"按钮，如图 4-103 所示。

图 4-103 单击"按场景分割"按钮

03 弹出"场景"对话框，单击"选项"按钮，如图 4-104 所示。

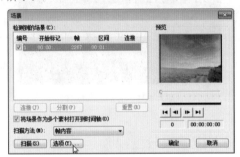

图 4-104 "场景"对话框

04 在打开的对话框中设置"敏感度"参数为 100，如图 4-105 所示。

图 4-105 设置"敏感度"参数

05 操作完成后单击"确定"按钮。单击"扫描"按钮，如图 4-106 所示。

图 4-106 单击"扫描"按钮

06 根据视频中场景的变化进行扫描，扫描结束后会按照编号显示检测出的场景片段，如图 4-107 所示。

图 4-107 检测出的场景

提示

在"场景"对话框中单击"重置"按钮可将扫描出来的场景重置为一个场景。

07 单击"确定"按钮，视频轨中的视频素材就已经按照场景进行分割了，如图 4-108 所示。

图 4-108 按场景分割后的视频

4.3.7 多重修整视频

比起一般的剪辑功能，多重修整视频可以实现多段剪辑，也就是说可以把视频中好的部分保留下来，方便、快捷。

1. 多重修整实例

下面以实例来讲解多重修整的操作方法。

素材文件

教学资源 \ 视频 \ 第 4 章 \4.3.7 多重修整视频 .mp4 实例效果

01 在会声会影视频轨中插入视频，如图 4-109 所示。

图 4-109　插入视频素材

02 展开"视频"选项面板，单击"多重修整视频"按钮，如图 4-110 所示。

图 4-110　单击"多重修整视频"按钮

03 执行操作后，弹出"多重修整视频"对话框，如图 4-111 所示。

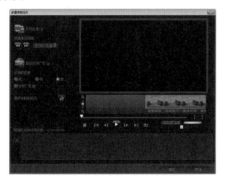

图 4-111　"多重修整视频"对话框

04 在"多重修整视频"对话框中，拖曳滑块，单击"开始标记"按钮标记起始位置，如图 4-112 所示。

图 4-112　标记起始点

05 单击预览窗口下方的"播放"按钮，查看视频素材，拖曳至合适的位置后单击"暂停"按钮，如图 4-113 所示。

图 4-113　单击"暂停"按钮

06 单击该对话框右侧的"结束标记"按钮，确定视频的终点位置，如图 4-114 所示。

图 4-114　标记结束点

07 采用同样的方法进行多次修整后，在对话框下方区域显示了修剪出的视频，如图 4-115 所示。

图 4-115　显示修剪出的视频

08 单击"确定"按钮完成多重修整操作。返回会声会影操作界面，在时间轴中即可看到已修整出的视频片段，如图 4-116 所示。

图 4-116　已修整出的视频片段

09 单击导览面板中的"播放"按钮，即可预览最终效果。

> 提示
>
> 在会声会影 X9 中，选择"文件"菜单中的"保存修整后视频"命令，可以将修整剪切处理后的视频保存到素材库里。

2. 多重修整参数详解

下面对"多重修整视频"对话框中的各功能参数进行详细介绍。

> 反向全选 ：选择素材片段后，单击该按钮，则会反转选定的视频区域。
> 快速搜索间隔：在后方的文本框中输入时间参数，单击"往后搜索"或"往前搜索"按钮则以该参数为基准，向后或向前移动滑块。
> 自动侦测广告 ：单击该按钮，则会弹出"自动侦测广告"对话框，自动检测广告，如图 4-117 所示。将检测到的素材添加到下方的素材栏中，并自动在素材上右下角添加属性，显示为字幕C，如图 4-118 所示。

图 4-117 自动侦测广告

图 4-118 添加属性后的素材

> 提示
>
> 选择定义为广告属性的素材，单击鼠标右键，执行"移除素材属性"命令可将素材的属性移除。

> 侦测敏感度：通过低、中、高单选按钮来设置侦测广告的敏感程度。
> 合并广告：将检测出的广告素材合并。
> 播放修剪的视频：播放并预览修剪出的视频片段。
> 实时预览转轮 ：拖曳转轮，可实时预览不同时间段的视频。

> 快速前传 / 快速倒转 ：向前拖曳快速倒转，向后拖曳快速前传，在预览窗口中显示如图 4-119 所示的效果。

图 4-119 预览窗口显示

> 移除选取的素材 ：在下方区域中选取的素材，单击该按钮可将其移除。

4.4 编辑图像素材

在视频剪辑过程中，会使用到照片、背景、装饰等一系列的图片素材，本节将介绍对图像素材的编辑操作。

4.4.1 打开素材所在文件夹

添加到时间轴中的素材可以反向查看该素材的所在文件夹。选择视频轨中的素材，单击鼠标右键，执行"打开文件夹"命令，如图 4-120 所示，即可打开该素材所在的文件夹，如图 4-121 所示。

图 4-120 执行"打开文件夹"命令

图 4-121 打开文件夹

4.4.2　替换素材

对添加到时间轴的素材可以进行替换，替换后的素材仍保留原素材的区间、大小或滤镜等属性。

图 4-124　单击"打开"按钮

素材文件

教学资源＼视频＼第 4 章＼4.4.2 替换素材 .mp4
实例效果

01 启动会声会影，打开项目文件，如图 4-122 所示。

图 4-122　打开项目文件

02 选择视频轨中的素材 1，单击鼠标右键，执行"替换素材" | "照片"命令，如图 4-123 所示。

图 4-123　执行"照片"命令

提示

当需要替换掉的素材为视频文件时，应保证替换的视频素材区间使之保持一致，否则将会替换失败。

03 弹出"查找／重新链接素材"对话框，选择素材，单击"打开"按钮，如图 4-124 所示。

04 替换素材后，时间轴的素材即发生改变，如图 4-125 所示。在预览窗口中预览替换后的效果。

图 4-125　替换素材后的效果

4.4.3　重新链接素材

当项目时间轴的素材路径或名称等发生改变后，则会出现素材链接错误或无法链接的情况，除了前面章节讲到的在"参数设置"对话框中设置自动重新链接素材外，还可以使用菜单中的"重新链接"命令手动链接素材。

素材文件

教学资源＼视频＼第 4 章＼4.4.3 重新链接素材 .mp4
实例效果

01 启动会声会影，打开项目文件，如图 4-126 所示。

图 4-126　打开项目文件

02 选择项目时间轴的素材,执行"文件"|"重新链接"命令,如图 4-127 所示。

图 4-127　执行"重新链接"命令

03 弹出"重新链接"对话框,单击"重新链接"按钮,如图 4-128 所示。

图 4-128　单击"重新链接"按钮

04 弹出"替换 / 重新链接素材"对话框,选择需要链接的素材,单击"打开"按钮,如图 4-129 所示。

图 4-129　单击"打开"按钮

05 时间轴中的素材已经重新链接了,如图 4-130 所示。

图 4-130　重新链接

06 在预览窗口中预览效果,如图 4-131 所示。

图 4-131　预览效果

4.4.4　修改默认照片区间

在会声会影时间轴轨道上添加的照片默认区间为 3 秒,用户可以根据自己的需要对默认的照片区间进行修改。

📀 **素材文件**

教学资源 \ 视频 \ 第 4 章 \4.4.4 修改默认照片区间 .mp4 实例效果

01 进入会声会影,执行"设置"|"参数选择"命令,如图 4-132 所示。

图 4-132　执行"参数选择"命令

02 弹出"参数选择"对话框,单击"编辑"选项卡,此时的"默认照片 / 色彩区间"为 3 秒,如图 4-133 所示。

03 在"默认照片 / 色彩区间"文本框中输入 6,如图 4-134 所示。单击"确定"按钮完成设置。

图 4-133 "参数选择"对话框

图 4-134 输入数值

04 切换到故事板视图，添加图像素材，此时素材下方显示图像素材自定义的区间，如图 4-135 所示。

图 4-135 显示修改后的区间

4.4.5 调整素材区间

将素材添加到时间轴中，还可以对其区间进行调整。

素材文件

教学资源\视频\第 4 章\4.4.5 调整素材区间 .mp4
实例效果

01 在会声会影的故事板视图中添加图像素材，如图 4-136 所示。

图 4-136 添加图像素材

02 选择一个素材，打开选项面板，在"区间"中单击鼠标，使其处于闪烁状态，然后输入需要修改的区间参数，如图 4-137 所示。

图 4-137 修改区间参数

03 设置完成后按 Enter 键，即调整了素材的区间，如图 4-138所示。

图 4-138 调整区间后

提示

执行"编辑"|"更改照片/色彩"命令，可在打开的对话框中修改照片区间。

4.4.6 批量调整播放时间

制作视频的过程会使用到大量的照片素材，若逐个修改区间会费时费力，此时即可选择需要修改的相同区间的素材，批量修改播放时间。

图 4-142　显示修改区间效果

4.4.7　素材的显示方式

前面章节讲过在时间轴中的素材有三种不同的显示方式，下面来介绍如何修改素材的显示方式。

素材文件

教学资源 \ 视频 \ 第 4 章 \4.4.7 素材的显示方式 .mp4
实例效果

`01` 启动会声会影，在视频轨中单击鼠标右键，执行"插入照片"命令，添加两个素材，如图 4-143 所示。

图 4-143　插入照片

`02` 执行"设置"|"参数选择"命令，如图 4-144 所示。

图 4-144　执行"参数选择"命令

`03` 弹出"参数选择"对话框，单击"素材显示模式"右侧的三角按钮，在弹出的下拉列表中选择"仅略图"选项，如图 4-145 所示。

素材文件

教学资源 \ 视频 \ 第 4 章 \4.4.6 批量调整播放时间 .mp4
实例效果

`01` 在故事板视图中添加多个图像素材，按住 Shift 键，单击鼠标选中要调整的多个素材，如图 4-139 所示。

图 4-139　选择素材图像

`02` 单击鼠标右键，执行"更改照片区间"命令，如图 4-140 所示。

图 4-140　执行"更改照片区间"命令

提示

在会声会影时间轴中，不能使用 Ctrl 键选择不连续的多个素材。

`03` 在弹出的"区间"对话框中，修改时间为 6 秒，如图 4-141 所示。

图 4-141　修改区间

`04` 修改完成后单击"确定"按钮，在缩略图下方就可以看到被修改的素材区间，如图 4-142 所示。

图 4-145 "参数选项"对话框

04 单击"确定"按钮,在时间轴中即可显示图像的缩略图,如图 4-146 所示。

图 4-146 显示图像的缩略图

4.4.8 调整素材顺序

在项目时间轴中添加的素材按先后顺序播放,那么,如何调整素材的顺序呢?下面具体介绍。

素材文件

教学资源\视频\第 4 章\4.4.8 调整素材顺序.mp4
实例效果

01 在视频轨中添加两张素材图片,如图 4-147 所示。

图 4-147 添加素材

02 选择第一个素材,单击鼠标将其拖曳到第二个素材的后方,如图 4-148 所示。

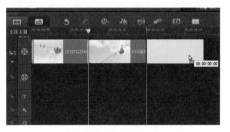

图 4-148 选择并拖曳素材

03 释放鼠标,即可调整第一个素材的位置,如图 4-149 所示。

图 4-149 调整位置后的素材

提示

添加在会声会影视频轨中的素材必须从 0 秒开始,因此,无法在视频轨起始处留白。

4.4.9 复制素材

复制时间轴中的素材,除了使用组合键 Ctrl+C 外,还可以使用快捷菜单命令。

素材文件

教学资源\视频\第 4 章\4.4.9 复制素材.mp4
实例效果

01 在会声会影视频轨中添加素材,如图 4-150 所示。

02 选择素材,单击鼠标右键,执行"复制"命令,如图 4-151 所示。

图 4-150　添加素材

图 4-151　执行"复制"命令

03 执行命令后，光标如图 4-152 所示显示。移动光标到需要粘贴素材的位置，单击鼠标即可，如图 4-153 所示。

图 4-152　光标变化

图 4-153　粘贴后的素材

4.4.10　查看素材属性

在会声会影中可以查看添加到时间轴中素材的属性，包括素材的宽度、高度、分辨率、名称、大小等。

素材文件

教学资源 \ 视频 \ 第 4 章 \4.4.10 查看素材属性 .mp4
实例效果

01 选择会声会影时间轴中的素材，单击鼠标右键，执行"属性"命令，如图 4-154 所示。

图 4-154　执行"属性"命令

02 弹出"属性"对话框，包含了当前素材的所有属性，如图 4-155 所示。

图 4-155　"属性"对话框

4.4.11　素材变形与恢复

添加到视频轨中的素材可以进行变形，下面将介绍具体方法。

素材文件

教学资源 \ 视频 \ 第 4 章 \4.4.11 素材变形与恢复 .mp4
实例效果

01 在会声会影视频轨中添加照片素材，如图 4-156 所示。

图 4-156　添加素材

02 单击"选项"按钮，进入选项面板，切换至"属性"选项卡，选中"变形素材"复选框，如图 4-157 所示。

图 4-157　选中"变形素材"复选框

03 在预览窗口中，素材四周显示了变形的定界框，如图 4-158 所示。

图 4-158　显示定界框

04 其中黄色的节点可以调整素材的大小；绿色的节点可以调整素材的形状。将鼠标放置于节点上，调整素材的大小与形状，如图 4-159 所示。

图 4-159　调整素材的大小与形状

05 需要将变形的素材恢复，可在预览窗口中单击鼠标右键，执行"重置变形"命令即可，如图 4-160 所示。

图 4-160　执行"重置变形"命令

06 需要恢复素材到默认大小，在预览窗口中单击鼠标右键，执行"默认大小"命令即可，如图 4-161 所示。

图 4-161　执行"默认大小"命令

4.4.12　调整素材到屏幕大小

由于素材的宽高比不同，素材添加到项目时间轴后，在预览窗口显示的大小不统一，可以将其统一调整到屏幕大小。当然除了需要在视频周围留下黑色边框外。

素材文件

教学资源 \ 视频 \ 第 4 章 \4.4.12 调整素材到屏幕大小 .mp4 实例效果

01 在会声会影视频轨中添加素材，如图 4-162 所示。

图 4-162　添加素材

02 选择素材，进入"属性"选项卡，选中"变形素材"复选框，如图 4-163 所示。

图 4-163　选中"变形素材"复选框

03 在预览窗口中单击鼠标右键，执行"调整到屏幕大小"命令，如图 4-164 所示。

图 4-164　执行"调整到屏幕大小"命令

04 再次单击鼠标右键，执行"保持宽高比"命令，如图 4-165 所示。

图 4-165　执行"保持宽高比"命令

05 拖曳素材的显示范围，最终效果如图 4-166 所示。

图 4-166　显示范围效果

4.4.13　素材的重新采样

添加素材到时间轴中后，在选项面板中可以设置其重新采样选项。

素材文件

教学资源 \ 视频 \ 第 4 章 \4.4.13 素材的重新采样 .mp4
实例效果

01 在会声会影视频轨中添加照片素材，在预览窗口中预览效果，如图 4-167 所示。

图 4-167　预览效果

02 选择素材，单击鼠标右键，执行"打开选项面板"命令。

03 进入选项面板，在"重新采样选项"下拉列表中共提供了三种选项，如图 4-168 所示。

图 4-168　重新采样选项

下面对各项参数进行解释。

- ➤ 保持宽高比：素材的默认选项，选择该选项，素材的大小不会发生改变。
- ➤ 保持宽高比（无字母框）：将素材调整到屏幕大小并保持素材的宽高比，如图 4-169 所示。
- ➤ 调到项目大小：将素材调整到屏幕大小，选择该选项后，素材会发生变形，如图 4-170 所示。

图 4-169　保持宽高比（无字母框）

图 4-170　调到项目大小

4.4.14　镜头的摇动和缩放

在专业影片中，常常会看到推拉摇移的镜头。在会声会影 X9 中，可以利用镜头的摇动和缩放功能轻松实现这种效果。该功能可以模拟相机的移动和变焦效果，使静态的图片动起来，以增强画面的动感，也能聚焦某一镜头，实现画面的特写。

1. 应用摇动和缩放

📁 **素材文件**

教学资源 \ 视频 \ 第 4 章 \4.4.14 镜头的摇动和缩放 .mp4
实例效果

01 在会声会影视频轨中添加照片素材，如图 4-171 所示。

图 4-171　添加素材

02 展开"选项"面板，单击"摇动和缩放"单选按钮，如图 4-172 所示。

图 4-172　单击"摇动和缩放"单选按钮

03 单击"自定义"按钮左侧的三角按钮，在弹出的预览列表中选择需要的效果，如图 4-173 所示。

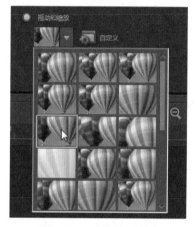

图 4-173　选择预设效果

04 单击"自定义"按钮，如图 4-174 所示。

图 4-174　单击"自定义"按钮

05 弹出"摇动和缩放"对话框，如图 4-175 所示。

图 4-175　"摇动和缩放"对话框

06 在左侧的原始窗口中，将鼠标放置在黄色节点上，调小定界框并调整位置，如图 4-176 所示。

图 4-176　调整定界框大小与位置

07 拖曳时间滑块到 2 秒的位置，单击鼠标右键，执行 "插入" 命令，如图 4-177 所示，插入一个关键帧。

图 4-177　执行 "插入" 命令

08 在左侧的原始窗口中调整定界框大小及位置，如图 4-178 所示。

图 4-178　调整定界框大小与位置

09 将时间滑块拖至最后一个关键帧处，在原始窗口中调整定界框大小与位置，如图 4-179 所示。

图 4-179　调整定界框大小与位置

10 单击 "确定" 按钮完成设置，在预览窗口中预览镜头摇动和缩放的效果。

提示

在会声会影中，摇动和缩放功能只能应用于图像素材。它可以制作图像的运动效果，使影片变得生动，也可以通过局部放大起到提示主题的作用，还可以利用快速的缩放动作产生比较强烈的视觉冲击。

2. 镜头摇动和缩放参数详解

"镜头摇动和缩放" 对话框中的部分参数与前面讲到的其他对话框的参数相同。下面对其他参数进行介绍。

➤ 播放速度：单击该按钮，在弹出的快捷菜单中可以选择速度，包含了 "常规" "快" "更快" "最快" 四个选项。

➤ 网格线：勾选该复选框则会在原始窗口中显示网格，以作为镜头移动的参考线。

➤ 网格大小：拖曳滑块或直接输入数值来控制网格的大小，10% 时网格最小，100% 时网格最大。

➤ 靠近网格：勾选该复选框后移动的素材则会自动贴近网格。

➤ 停靠：在停靠的按钮组中单击不同的按钮，以调整预览窗口中显示框的停靠位置。

➤ 缩放率：通过设置缩放率来调整定界框的大小。

➤ 透明度：设置当前关键帧中的素材透明度。当透明度为 0% 时素材不透明，当透明度为 100% 时素材完全透明。

➤ 无摇动：选中该复选框后，素材静止。

➤ 背景色：单击该按钮后，鼠标变成吸管形状，可在原始窗口中吸取颜色作为背景色。或者单击色后的色块，在弹出的列表中选择不同的颜色。

3. 自动摇动和缩放

在视频轨中添加照片素材，单击鼠标右键，执行 "自动摇动和缩放" 命令，或者执行 "编辑" | "自动摇动和缩放" 命令，如图 4-180 所示，即可为素材添加自动摇动和缩放效果。

图 4-180　执行 "自动摇动和缩放" 命令

4.5　绘图创建器

绘图创建器是创建动画效果的工具，将个人化签名、素材线稿绘制的过程记录下来生成动画视频，并在会声会影中应用。

4.5.1　认识绘图创建器

启动会声会影，执行"工具"|"绘图创建器"命令，如图 4-181 所示。即可弹出"绘图创建器"对话框，如图 4-182 所示。

图 4-181　执行"绘图创建器"命令

图 4-182　"绘图创建器"对话框

下面对"绘图创建器"对话框中的各功能进行详细介绍。

1．设置笔刷大小

在"绘图创建器"对话框的左上角可以通过设置笔刷宽度和高度调整笔刷大小，单击"宽度和高度均相等"按钮，可将笔刷宽度和高度同时按比例调整。

2．选择笔刷类型

在"绘图创建器"对话框上方提供了 11 种笔刷类型，包括：画笔、喷枪、炭笔、蜡笔、粉笔、铅笔、标记、油画、微粒、水滴和硬毛笔。

3．设置笔刷类型参数

每个笔刷右下角都有一个设置按钮，单击该按钮，则可以对该笔刷类型的角度、柔化边缘、透明度等参数进行设置。

4．置笔刷颜色

单击色彩选取器图标，在弹出的列表中可选择 Corel 色彩选取器、Windows 色彩选取器或预设颜色，如图 4-183 所示。或者单击"色彩选取器"按钮，然后在左侧的色盘上吸取颜色也可修改笔刷的颜色，如图 4-184 所示。

图 4-183　弹出列表　　　　图 4-184　吸取颜色

5．设置笔刷纹理

单击"纹理选项"按钮可在弹出的列表中选择纹理选项，选择纹理后，画笔绘制的图像即添加了相应的纹理效果。

6．设置橡皮擦

单击"橡皮擦模式"按钮后可将笔刷切换至橡皮擦，在预览窗口中绘制图形后可使用橡皮擦擦除。

或者单击"清除预览窗口"按钮，可将预览窗口中所绘制的图像全部擦除。

7．设置预览窗口大小

单击"放大"按钮或"缩小"按钮可以放大或缩小预览窗口。放大或缩小预览窗口后，单击"实际大小"按钮，可将预览窗口恢复到实际大小。

8．设置背景图像

单击"背景图像选项"按钮可在弹出的"背景图像选项"对话框中设置背景图像，如图 4-185 所示。拖曳"背景图像选项"滑块后设置预览窗口背景图像的透明度。

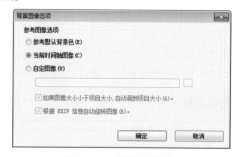

图 4-185　设置背景图像

9．撤销与取消复原

单击"撤销"按钮或"取消复原"按钮，可在绘画过程中进行撤销和恢复撤销的操作。

10. 录制

单击"开始录制"按钮  则可以对绘制的过程进行录制，单击"停止录制"按钮 即完成录制。

11. 设置画廊条目

录制完成的条目保存到右侧画廊中，单击"播放选中的画廊条目"按钮 ▶ 可在预览窗口中播放预览条目动画；单击"删除选择的画廊条目"按钮 可删除当前选择的条目；单击"更改选择的画廊区间"按钮，可在弹出的"区间"对话框中修改该条目的区间参数，如图4-186所示。

图 4-186　修改区间

12. 设置参数选择

单击对话框下方的"参数选择"按钮，在弹出的"偏好设定"对话框中对各参数进行设置，如图4-187所示。

图 4-187　设置参数

13. 设置"动画"或"静态"模式

单击对话框下方的单击"更改为'动画'或'静态'模式"按钮，可选择绘制动画视频或静态图片。

4.5.2　使用绘图创建器

了解了绘图创建器后，操作起来就更加得心应手了，下面开始使用绘图创建器创建动画。

🔘 素材文件

教学资源 \ 视频 \ 第 4 章 \4.5.2 使用绘图创建器 .mp4
实例效果

01 启动会声会影，执行"工具"|"绘图创建器"命令，如图 4-188 所示。

图 4-188　执行"绘图创建器"命令

02 弹出"绘图创建器"对话框，如图 4-189 所示。

图 4-189　"绘图创建器"对话框

03 在该对话框的笔刷类型中，单击"画笔"图标，选择笔刷类型，如图 4-190所示。

图 4-190　选择画笔类型

04 单击该笔刷右下角的 按钮，设置"笔刷角度""柔化边缘""透明度"，如图 4-191 所示，然后单击"确定"按钮。

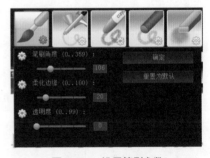

图 4-191　设置笔刷参数

05 在该对话框的左上方单击"宽度和高度均相等"按钮 ，然后调整笔刷宽度和笔刷高度设置笔刷大小，如图 4-192 所示。

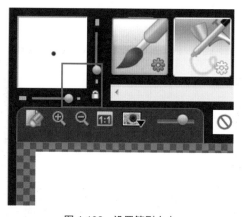

图 4-192　设置笔刷大小

提示

　　在设置完笔刷参数后，如果想恢复为默认设置，可以单击该笔刷图标右下角的 ❀ 按钮，在展开的设置面板中单击"重置为默认"按钮。

06　在颜色面板中通过色彩选取工具，选取笔刷颜色，如图 4-193 所示。

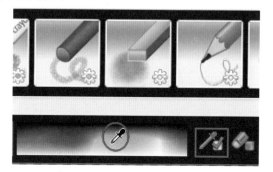

图 4-193　设置笔刷颜色

07　单击"背景图像选项"按钮 🔘，打开"背景图像选项"对话框，单击"自定图像"单选按钮，如图 4-194 所示。

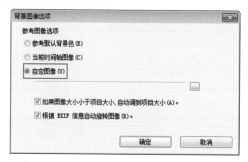

图 4-194　"背景图像选项"对话框

08　选择准备的背景素材，如图 4-195 所示。然后单击"确定"按钮关闭窗口。

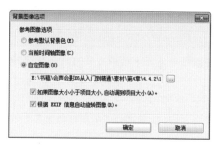

图 4-195　自定义图像

09　调整预览窗口的大小，然后单击"开始录制"按钮开始绘制，如图 4-196 所示。

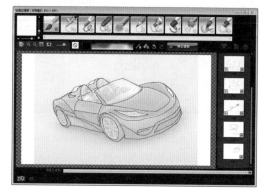

图 4-196　单击"开始录制"按钮

10　绘制完成后单击"停止录制"按钮。单击"更改选择的画廊区间"按钮 ⏱，在打开的"区间"对话框中设置素材的"区间"参数为 15 秒，如图 4-197 所示。单击"确定"按钮完成操作。

图 4-197　设置区间参数钮

11　单击"绘图创建器"对话框下方的"确定"按钮，开始渲染，如图 4-198 所示。

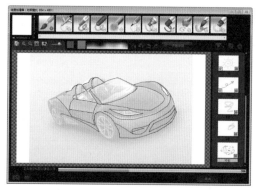

图 4-198　渲染动画

提示

设置绘图创建器中的条目区间的参数范围为 1 ～ 15 秒。

12 当渲染完成后，绘制完成的动画自动保存到素材库中，如图 4-199 所示。

图 4-199　保存到素材库

13 在导览面板中单击"播放"按钮预览效果，如图 4-200 所示。

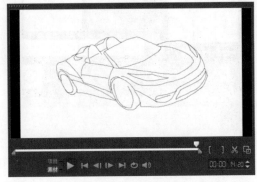

图 4-200　预览效果

第三篇　特效合成篇

第 5 章　滤镜特效的巧妙应用

滤镜是利用数字技术处理图像，以获得类似电影或电视节目中出现的特殊效果。视频滤镜可以将特殊的效果添加到视频或图像中，用以改变素材的样式或外观，给人很强的视觉冲击力。

5.1　滤镜的基本操作

在制作视频影片时，给影片加上一些滤镜特效，能带来耳目一新的感觉。下面学习会声会影中滤镜的添加、替换、删除、自定义等基本操作方法。

5.1.1　为素材添加滤镜

为素材添加滤镜的方法十分简单，下面进行具体介绍。

素材文件

教学资源 \ 视频 \ 第 5 章 \5.1.1 为素材添加滤镜 .mp4
实例效果

01　启动会声会影，在视频轨中添加素材，如图 5-1 所示。

图 5-1　添加素材

02　单击素材库中的"滤镜"按钮，进入"滤镜"素材库，如图 5-2 所示。

图 5-2　"滤镜"素材库

03　在滤镜素材库画廊中选择"全部"选项，如图 5-3 所示。

图 5-3　选择"全部"选项

04　在"全部"素材库中选择任意滤镜，这里选择的是"翻转"滤镜，如图 5-4 所示。

图 5-4　选择滤镜

05　单击并将其拖曳到时间轴中的素材上即可添加滤镜，添加滤镜后的素材上显示 FX 标记，如图 5-5 所示。

图 5-5 添加滤镜

06 在预览窗口中预览添加滤镜后的素材效果,如图 5-6 所示。

图 5-6 预览效果

5.1.2 替换滤镜

添加滤镜后可使用其他滤镜进行替换,下面介绍替换滤镜的操作方法。

素材文件

教学资源\视频\第 5 章\5.1.2 替换滤镜 .mp4
实例效果

01 启动会声会影,执行"文件"|"打开项目"命令,打开项目文件,如图 5-7 所示。

图 5-7 打开项目文件

02 选择视频轨中的素材,单击"选项"按钮,在选项面板的滤镜列表中显示了当前应用的滤镜效果,如图 5-8 所示。

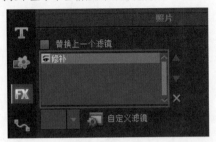

图 5-8 应用的滤镜

03 选中"替换上一个滤镜"复选框,如图 5-9 所示。

图 5-9 选中复选框

04 单击"滤镜"按钮,在滤镜素材库中选择其他滤镜,如图 5-10 所示。

图 5-10 选择滤镜

05 将其拖曳到视频轨中的素材上。再次进入"选项"面板,此时在滤镜列表中滤镜已经替换,如图 5-11 所示。

图 5-11 替换后的滤镜

06 在预览窗口中预览替换滤镜后的效果,如图 5-12 所示。

图 5-12 预览效果

5.1.3 添加多个滤镜

在会声会影中可以为一个素材添加 5 个滤镜，下面介绍如何为素材添加多个滤镜。

🔘 素材文件

教学资源 \ 视频 \ 第 5 章 \5.1.3 添加多个滤镜 .mp4
实例效果

01 在会声会影视频轨中添加素材，预览效果，如图 5-13 所示。

图 5-13 预览效果

02 单击"选项"按钮，进入选项面板，取消选中"替换上一个滤镜"复选框，如图 5-14 所示。

图 5-14 取消选取复选框

03 单击"滤镜"按钮，进入滤镜素材库，依次选择"细节增强"滤镜、"色调"滤镜、"色调和饱和度"滤镜，将其添加到视频轨中的素材上。

04 在选项面板的滤镜列表中显示了所添加的滤镜，如图 5-15 所示。

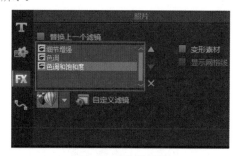

图 5-15 添加的滤镜

05 在导览面板中单击"播放"按钮，预览添加多个滤镜后的效果，如图 5-16 所示。

图 5-16 预览多个滤镜效果

5.1.4 删除滤镜

添加的滤镜可以将其删除，下面介绍如何删除滤镜的方法。

🔘 素材文件

教学资源 \ 视频 \ 第 5 章 \5.1.4 删除滤镜 .mp4
实例效果

01 启动会声会影，打开项目文件，在预览窗口中预览效果，如图 5-17 所示。

02 在"选项"面板的滤镜列表中显示了素材所应用的滤镜，如图 5-18 所示。

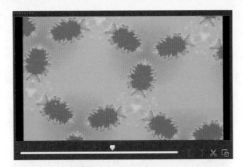

图 5-17 预览效果

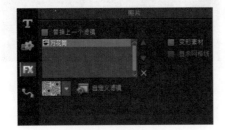

图 5-18 应用的滤镜

03 选择滤镜，单击滤镜列表框右下角的"删除滤镜"图标 **✕**，如图 5-19 所示，即可删除滤镜。

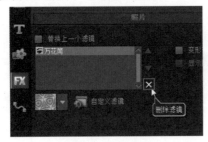

图 5-19 单击图标

04 删除滤镜后，在预览窗口中预览删除滤镜后的效果，如图 5-20 所示。

图 5-20 预览效果

5.1.5 隐藏与显示滤镜

通过隐藏或显示滤镜能实时对比应用滤镜的前后的效果。

素材文件

教学资源 \ 视频 \ 第 5 章 \5.1.5 隐藏与显示滤镜 .mp4
实例效果

01 启动会声会影，打开项目文件，在预览窗口中预览效果，如图 5-21 所示。

图 5-21 预览效果

02 在选项面板中单击滤镜列表中滤镜前的小眼睛图标，如图 5-22 所示。

图 5-22 单击图标

03 此时的滤镜将隐藏，滤镜前的小眼睛图标也隐藏起来，如图 5-23 所示。

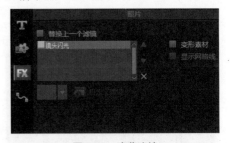

图 5-23 隐藏滤镜

04 再次单击该图标，则显示滤镜，在预览窗口中可查看应用滤镜前后的对比效果，如图 5-24 所示。

图 5-24　查看效果

5.1.6　选择滤镜预设效果

为素材添加滤镜后，选项面板中提供了多种该滤镜的预设效果，用户可以直接选择使用。

> **素材文件**
>
> 教学资源\视频\第 5 章\5.1.6 选择滤镜预设效果 .mp4
> 实例效果
>
>

01 启动会声会影，在视频轨中添加素材，如图 5-25 所示。

图 5-25　添加素材

02 单击"滤镜"按钮，在滤镜素材库中选择需要的滤镜效果，这里选择的是"星形"滤镜，如图 5-26 所示。

图 5-26　选择滤镜

03 将其拖曳到视频轨中的素材上。单击"选项"按钮，进入选项面板，单击预设效果的三角按钮，如图 5-27 所示。

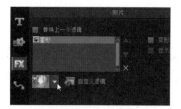

图 5-27　单击三角按钮

04 在打开的列表中选择需要的预设效果，如图 5-28 所示。

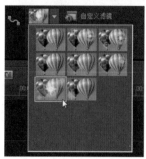

图 5-28　选择预设效果

05 在导览面板中单击"播放"按钮预览使用预设滤镜的效果。

5.1.7　自定义滤镜

添加到素材上的滤镜可以通过设置自定义效果，从而得到自己需要的效果。

> **素材文件**
>
> 教学资源\视频\第 5 章\5.1.7 自定义滤镜 .mp4
> 实例效果
>
>

01 启动会声会影，在视频轨中添加素材，预览效果，如图 5-29 所示。

图 5-29　预览效果

02 单击"滤镜"按钮,在画廊下选择"自然绘画"选项,然后选择"自动草绘"滤镜,如图 5-30 所示。

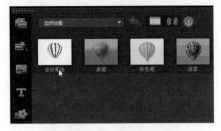

图 5-30　选择滤镜

03 将其拖曳到视频轨中的素材上。在选项面板中单击"自定义滤镜"按钮 ,如图 5-31 所示。

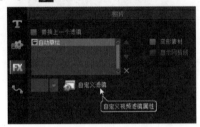

图 5-31　单击"自定义滤镜"按钮

04 弹出"自动草绘"对话框,如图 5-32 所示。

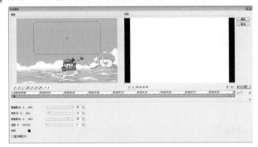

图 5-32　"自动草绘"对话框

05 在原始窗口中调整定界框,以确定绘画开始的区域。调整精确度、宽度、阴暗度、进度等参数,选中"显示画笔"复选框,如图 5-33 所示。

图 5-33　设置参数

06 拖曳时间滑块,在右侧预览窗口中预览效果,设置到合适的参数后,单击"确定"按钮,如图 5-34 所示。

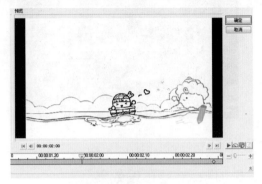

图 5-34　单击"确定"按钮

07 单击导览面板中的"播放"按钮,预览自定义滤镜的最终效果。

下面对"自动素描"对话框中的各参数进行一一介绍。

> 精确度:用于设置绘制的精准度。
> 宽度:用于设置绘制线条的宽度。
> 阴暗度:用于设置绘制线条的阴影程度。
> 进度:用于设置绘制的进度,进度为 1 时画面为空白,进度为 100 时为完整画面效果。
> 色彩:单击色块,在弹出的列表中可以选择绘制线条的颜色。
> 显示画笔:在绘制的过程中显示画笔。

5.1.8　收藏滤镜

将常用的滤镜添加到收藏夹可方便下次使用。

素材文件

教学资源\视频\第 5 章\5.1.8 收藏滤镜 .mp4

01 启动会声会影,在滤镜素材库中选择滤镜,单击鼠标右键,执行"添加到收藏夹"命令,如图 5-35 所示。

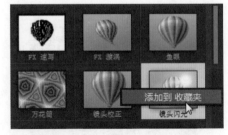

图 5-35　执行"添加到收藏夹"命令

02 或者单击素材库上方的"添加到收藏夹"按钮 ,如图 5-36 所示。

图 5-36　单击按钮

03 单击画廊的三角按钮,在下拉列表中选择"收藏夹"选项,如图 5-37 所示。

图 5-37　选择"收藏夹"选项

04 进入收藏夹即可查看添加到收藏夹中的滤镜,如图5-38 所示。

图 5-38　收藏的滤镜

提示

　　添加收藏夹素材库中的滤镜可通过单击鼠标右键,执行"删除"命令删除,其他滤镜素材库中的素材则不可删除。

5.2　常用精彩滤镜

　　在影视剧中经常用到的特效,在会声会影中可以使用滤镜轻松实现。常用的滤镜有很多,下面选择几种进行详细介绍。

5.2.1　修剪滤镜

　　修剪滤镜通常可作为影片开场或闭幕的效果,或者

确定一个裁剪区域,仅显示该区域内的视频画面。下面来介绍修剪滤镜的使用方法。

 **素材文件**

教学资源 \ 视频 \ 第 5 章 \5.2.1 修剪滤镜 .mp4
实例效果

01 在会声会影视频轨中添加素材,如图 5-39 所示。

图 5-39　添加素材

02 进入"照片"选项面板,在"重新采样选项"下选择"保持宽高比(无字母框)"选项,如图 5-40 所示。

图 5-40　选择选项

03 单击"滤镜"按钮,选择"修剪"滤镜,如图 5-41所示。将其添加到视频轨中的素材上。

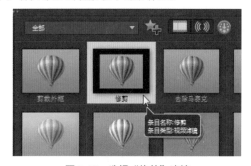

图 5-41　选择"修剪"滤镜

04 进入选项面板,单击"自定义滤镜"按钮左侧的三角按钮,在弹出的预设效果列表中选择第 4 个预设效果,如图 5-42 所示。

图 5-42　选择预设效果

05 单击"自定义滤镜"按钮，如图 5-43 所示。

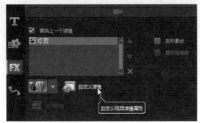

图 5-43　单击"自定义滤镜"按钮

06 弹出"修剪"对话框，如图 5-44 所示。

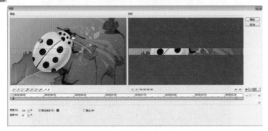

图 5-44　"修剪"对话框

07 单击填充颜色后面的色块，在弹出的对话框中选择白色，如图 5-45 所示。

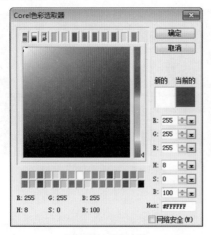

图 5-45　选择白色

08 在右侧的预览窗口中预览效果，然后单击"确定"按钮完成设置，如图 5-46 所示。

图 5-46　单击"确定"按钮

09 单击导览面板中的"播放"按钮，预览添加修剪滤镜的效果，如图 5-47 所示。

图 5-47　预览效果

5.2.2　局部马赛克滤镜

新闻采访中经常会用到马赛克效果，以保护受访者的隐私。在会声会影中可以使用"局部马赛克"滤镜添加马赛克效果。

素材文件

教学资源 \ 视频 \ 第 5 章 \5.2.2 局部马赛克滤镜 .mp4
实例效果

01 启动会声会影，在视频轨中添加素材，如图 5-48 所示。

图 5-48 添加素材

02 进入"照片"选项面板，在"重新采样选项"下拉列表中选择"保持宽高比（无字母框）"选项，如图 5-49 所示。

图 5-49 选择选项

03 单击"滤镜"按钮，选择"局部马赛克"滤镜，如图 5-50 所示。将其添加到视频轨中的素材上。

图 5-50 选择滤镜

04 进入选项面板，单击"自定义滤镜"按钮，如图 5-51 所示。

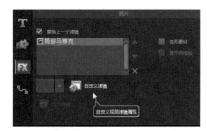

图 5-51 单击"自定义滤镜"按钮

05 弹出对话框，拖曳滑块到第 1 帧的位置，调整中心的位置，然后分别调整宽度、高度和块大小参数，通过右侧的预览窗口预览效果，如图 5-52 所示。

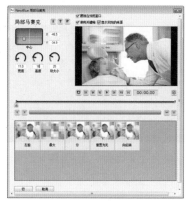

图 5-52 调整参数

06 拖曳滑块至第 2 帧，设置同样的参数，单击"行"按钮完成设置。

07 单击导览面板中的"播放"按钮预览效果，如图 5-53 所示。

图 5-53 预览效果

提示

如果是视频素材，需要马赛克的对象是移动的，可以在不同的时间点创建关键帧，调整不同的位置与大小参数。

5.2.3 镜头闪光滤镜

通过"镜头闪光"滤镜模拟太阳光照的效果，下面将介绍镜头闪光滤镜的使用方法。

素材文件

教学资源 \ 视频 \ 第 5 章 \5.2.3 镜头闪光滤镜 .mp4
实例效果

01 启动会声会影，在视频轨中添加素材，如图 5-54 所示。

图 5-54　添加素材

02 进入"照片"选项面板，在"重新采样选项"下拉列表中选择"保持宽高比（无字母框）"选项，如图 5-55 所示。

图 5-55　选择选项

03 单击"滤镜"按钮，选择"镜头闪光"滤镜，如图 5-56 所示。将其添加到视频轨中的素材上。

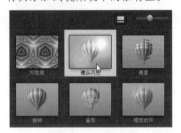

图 5-56　选择滤镜

04 在选项面板中单击"自定义滤镜"按钮左侧的三角按钮，在弹出的预设效果中选择一种合适的效果，如图 5-57 所示。

图 5-57　选择预设效果

05 单击"自定义滤镜"按钮，如图 5-58 所示。

图 5-58　单击按钮

06 弹出"镜头闪光"对话框，在原图窗口中调整十字中心点的位置，如图 5-59 所示。

图 5-59　调整中心点位置

07 单击"确定"按钮完成设置，在导览面板中单击"播放"按钮，预览滤镜效果，如图 5-60 所示。

图 5-60　预览效果

5.2.4　视频摇动和缩放滤镜

视频摇动和缩放可以模拟镜头的推拉摇移效果，下面将介绍视频摇动和缩放滤镜的使用方法。

教学资源 \ 视频 \ 第 5 章 \5.2.4 视频摇动和缩放滤镜 .mp4
实例效果

01 在会声会影视频轨中添加素材，如图 5-61 所示。

图 5-61　添加素材

02 进入 "照片" 选项卡，在 "重新采样选项" 下拉列表中选择 "保持宽高比（无字母框）" 选项，如图 5-62 所示。

图 5-62　选择选项

03 单击 "滤镜" 按钮，选择 "视频摇动和缩放" 滤镜，如图 5-63 所示。将其添加到视频轨中的素材上。

图 5-63　选择滤镜

04 进入选项面板，单击 "自定义滤镜" 按钮，如图 5-64 所示。

图 5-64　单击 "自定义滤镜" 按钮

05 弹出 "视频摇动和缩放" 对话框，在 "停靠" 组中单击中间的按钮，并设置 "缩放率" 参数为 100，如图 5-65 所示。

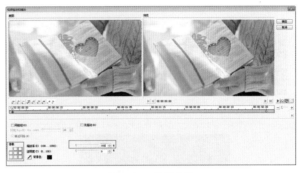

图 5-65　设置参数

06 单击 "确定" 按钮完成设置。在预览窗口中预览添加滤镜后的效果，如图 5-66 所示。

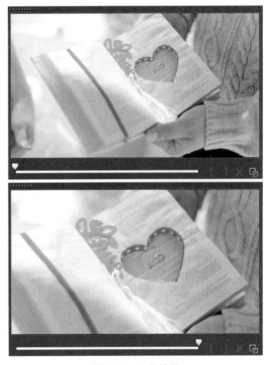

图 5-66　预览效果

5.2.5　画中画滤镜

　　画中画滤镜的效果类似素材的路径运动，在画中画滤镜中可以为素材添加投影、边框，设置不透明度等操作，巧妙地使用画中画滤镜可以为影片带来不一样的视觉体验。

1. 应用画中画滤镜

下面以实例的形式介绍如何应用画中画滤镜。

素材文件

教学资源\视频\第5章\5.2.5 画中画滤镜 .mp4
实例效果

01 在会声会影视频轨中添加素材,如图 5-67 所示。

图 5-67　添加素材

02 进入"照片"选项面板,在"重新采样选项"下拉列表中选择"保持宽高比(无字母框)"选项,如图 5-68 所示。

图 5-68　选择选项

03 单击"滤镜"按钮,选择"画中画"滤镜,如图 5-69 所示,将其添加到视频轨中的素材上。

图 5-69　选择滤镜

04 在选项面板中单击"自定义滤镜"按钮,如图 5-70 所示。

图 5-70　单击"自定义滤镜"按钮

05 弹出"NewBlue 画中画"对话框,如图 5-71 所示。

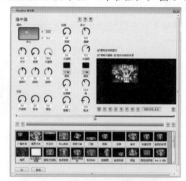

图 5-71　"NewBlue 画中画"对话框

06 将时间滑块拖至第 1 帧,在预设的效果中选择 Web2.0 选项,如图 5-72 所示。

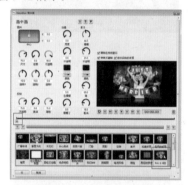

图 5-72　单击选项

07 将滑块拖至最后一帧,单击"漂亮的明信片"选项,单击"行"按钮完成设置。

08 在导览面板中单击"播放"按钮,预览滤镜效果,如图 5-73 所示。

图 5-73　预览效果

2. 画中画参数详解

下面对"NewBlue 画中画"对话框中的各参数进行详细介绍。

● 画面选项组

➢ 设定画面的位置：通过调整中央的小方块或者在 X、Y 文本框中输入参数来调整素材的位置。

➢ 大小：通过拖曳大小滑块或直接输入数值来调整素材的大小。

➢ 裁剪：裁剪素材，数值越大裁剪的范围越大，当数值为 0 时素材无裁剪。

➢ 透光度：用于设置素材的透明度，透光度为 100 时素材不透明，透光度为 0 时素材完全透明。

➢ 旋转：包括旋转 X、旋转 Y、旋转 Z 选项，分别用来设置素材的 X、Y、Z 旋转角度。

● 反射选项组

➢ 透光度：用于设置反射的投影透明度。

➢ 位移：用于设置投影与素材的距离。

➢ 淡化：用于设置透明淡出画面的程度。

● 外框选项组

➢ 宽度：用于设置素材的边框宽度。

➢ 透光度：用于设置边框的透明度。

➢ 色彩：单击色块，在弹出的列表中选择边框的颜色，或者单击色彩下方的吸管工具，在右侧的预览窗口中吸取边框颜色。

➢ 模糊淡入：用于设置边框内侧的模糊淡入程度。

➢ 模糊淡出：用于设置边框外出的模糊淡入程序。

● 阴影选项组

➢ 模糊：用于设置素材四周阴影的模糊程度。

➢ 透光度：设置阴影的透明度参数。

➢ 色彩：设置阴影的颜色。

➢ 角度：调整阴影的角度。

➢ 位移：设置阴影与素材的偏移量。

● 预设效果

在"画中画"对话框中提供了 23 种预设效果供用户选择，每种预设效果都设置了不同的参数，单击不同的效果选项，在预览窗口实时显示该选项的效果，如图 5-74 所示。若对效果不满意还可以在该基础上修改数值。

图 5-74　预览效果

5.2.6　模拟景深滤镜

模拟景深滤镜可以模拟出景深的效果，突出主体的同时使画面层次感更强。

素材文件

教学资源 \ 视频 \ 第 5 章 \5.2.6 模拟景深滤镜 .mp4
实例效果

01 启动会声会影，在视频轨中添加素材，如图 5-75 所示。

图 5-75　添加素材

02 进入"照片"选项面板，在"重新采样选项"下拉列表中选择"保持宽高比（无字母框）"选项，如图 5-76 所示。

图 5-76　选择选项

提示

将时间滑块拖至合适的位置，调整参数后即可新增一个关键帧。当需要移除关键帧时可以单击预览窗口下方的"移除选取的关键帧标记"按钮 ◎ ，或者将关键帧向右拖出画面即可。

03 在"滤镜"素材库中选择"模拟景深"滤镜,如图 5-77 所示,将其添加到视频轨的素材上。

图 5-77 选择"模拟景深"滤镜

04 选择素材,进入"选项"面板,单击"自定义滤镜"按钮,如图 5-78 所示。

图 5-78 单击"自定义滤镜"按钮

05 打开对话框,拖曳滑块至第 1 帧,然后修改参数,如图 5-79 所示。

图 5-79 修改参数

06 拖曳滑块至第 2 帧,修改参数,单击"行"按钮关闭对话框。

07 在预览窗口中预览添加滤镜的效果,如图 5-80 所示。

图 5-80 预览添加滤镜的效果

下面对"NewBule 模拟景深"对话框中的各参数进行介绍。

➤ 焦:设置焦点的模糊量。
➤ 中心:设置聚焦带的中心点。
➤ 角:设置聚焦带的方向。
➤ 传播:设置聚焦带的宽度。
➤ 混合:设置重点区域之间的混合率。
➤ 曝光:增加光照水平。

5.2.7 晕影滤镜

晕影滤镜也是会声会影 X9 的新增功能,下面介绍如何使用。

 素材文件

教学资源 \ 视频 \ 第 5 章 \5.2.7 晕影滤镜 .mp4
实例效果

01 在会声会影视频轨中添加素材,如图 5-81 所示。

图 5-81 添加素材

02 进入"照片"选项面板,在"重新采样选项"下拉列表中选择"保持宽高比(无字母框)"选项,如图 5-82 所示。

图 5-82 选择选项

03 在"滤镜"素材库中选择"晕影"滤镜,如图 5-83 所示。

图 5-83　选择"晕影"滤镜

04 在选项面板中单击"自定义滤镜"按钮，如图 5-84 所示。

图 5-84　单击"自定义滤镜"按钮

05 打开对话框，拖曳滑块至第 1 帧，单击"双筒望远镜"效果选项，如图 5-85 所示。

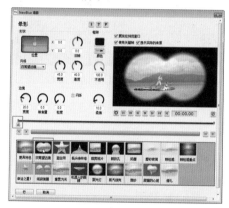

图 5-85　单击"双筒望远镜"效果

06 同理，设置第 2 帧后单击"行"按钮关闭对话框。

07 在预览窗口中预览添加滤镜后的效果，如图 5-86 所示。

图 5-86　预览添加滤镜的效果

提示

在"NewBule 晕影"对话框中选择一种效果后，还可以选择相应的风格，如图 5-87 所示。

图 5-87　选择风格

5.3　应用标题滤镜

滤镜除了可以应用在视频、图像素材上，也能应用在标题字幕上。会声会影 X9 提供的标题滤镜有 27 种，包括"气泡""云彩""色彩偏移"等，如图 5-88 所示。

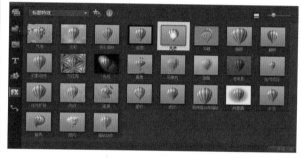

图 5-88　标题滤镜

标题滤镜可以增加标题的视觉效果，其使用方法同其他滤镜的使用方法相同，如图 5-89 所示为应用标题滤镜的效果。具体的滤镜操作在后面的章节中会进行具体讲解。

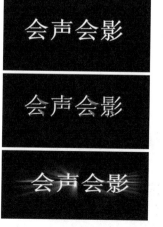

原图

应用"浮雕"滤镜效果

应用"缩放动作"滤镜效果

图 5-89　应用标题滤镜的效果

第 6 章　视频覆叠的创意合成

覆叠就是画面的覆盖、叠加，可以同时在屏幕上显示多个画面效果。就如同我们经常看到新闻报道中，主持人在报道新闻的同时，子画面中同步播放现场拍摄的画面；又或者在天气预报中人物与背景融合等，都是画中画效果，在会声会影中这种效果可以由覆叠简单实现，用户根据自己的需要将多个画面合成，从而制作出更加丰富多彩、绚丽生动的视频。

6.1　覆叠的基本操作

　　在会声会影 X9 中共提供了 20 条覆叠轨，覆叠的基本操作包括在覆叠轨上进行覆叠的添加与删除、调整覆叠素材的大小与位置、调整覆叠素材的形状、设置对齐方式、复制覆叠属性、添加覆叠轨、对调轨道、启用连续编辑等。

　　无论视频、图像、标题，还是色彩素材都可以作为会声会影的覆叠素材。添加覆叠素材到覆叠轨中是覆叠合成的最基本操作。

6.1.1　添加覆叠素材

> 📀 **素材文件**
>
> 教学资源 \ 视频 \ 第 6 章 \ 6.1.1 添加覆叠素材 .mp4
> 实例效果

01 在会声会影的视频轨中添加素材，如图 6-1 所示。

图 6-1　添加素材

02 在覆叠轨中单击鼠标右键，执行"插入照片"命令，如图 6-2 所示。

图 6-2　执行"插入照片"命令

03 在弹出的"浏览照片"对话框中选择需要的照片，单击"打开"按钮，如图 6-3 所示。

图 6-3　添加覆叠素材

04 在覆叠轨中即已经添加了覆叠素材，如图 6-4 所示。

05 在预览窗口中预览添加覆叠素材效果，此时的覆叠素材边框显示了覆叠轨道的名称，如图 6-5 所示。

图 6-4　拖曳素材位置

图 6-5　预览覆叠效果

提示

打开素材所在的文件夹，单击鼠标将其拖曳到覆叠轨中也可添加覆叠素材。

6.1.2　删除覆叠素材

在覆叠轨中添加覆叠素材后，可以对其执行删除操作。

素材文件

教学资源 \ 视频 \ 第 6 章 \6.1.2 删除覆叠素材 .mp4
实例效果

01 启动会声会影，执行"文件"|"打开项目"命令，打开项目文件，如图 6-6 所示。

图 6-6　打开项目文件

02 选择覆叠素材，单击鼠标右键，执行"删除"命令，如图 6-7 所示。

图 6-7　执行"删除"命令

03 或者执行"编辑"|"删除"命令，如图 6-8 所示。

图 6-8　执行"编辑"|"删除"命令

04 删除覆叠素材后在预览窗口中预览效果，如图 6-9 所示。

图 6-9　预览效果

提示

选择覆叠素材，按键盘上的 Delete 键可快速将素材删除。

6.1.3　调整大小与位置

添加到覆叠轨中的覆叠素材都采用默认大小显示，用户可以根据需要调整其大小，使其与画面更完美地融合。

素材文件

教学资源 \ 视频 \ 第 6 章 \6.1.3 调整大小与位置 .mp4
实例效果

1. 调整到原始大小

素材的原始大小指的是原素材的大小，下面介绍如果将素材调整到原始大小。

01 在会声会影覆叠轨中添加素材，如图 6-10 所示。

图 6-10 添加素材

02 选择覆叠轨中的素材，在预览窗口中单击鼠标右键，执行"原始大小"命令，如图 6-11 所示。

图 6-11 执行"原始大小"命令

03 或者展开选项面板，单击"对齐选项"按钮，如图 6-12 所示。

图 6-12 单击"对齐选项"按钮

04 在弹出的列表中选择"原始大小"选项，如图 6-13 所示。

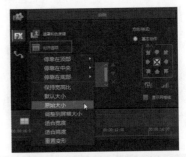

图 6-13 选择"原始大小"选项

05 素材已经调整到原始的大小，效果如图 6-14 所示。

图 6-14 效果

2. 调整到屏幕大小

在前面章节中介绍过添加到视频轨中的素材可以将其调整到屏幕大小。同样，添加到覆叠轨中的覆叠素材也可以调整到屏幕大小。

01 在会声会影覆叠轨中添加素材，如图 6-15 所示。

图 6-15 添加素材

02 选择素材，在预览窗口中单击鼠标右键，执行"调整到屏幕大小"命令，如图 6-16 所示。

图 6-16 执行"调整到屏幕大小"命令

在选项面板中单击"对齐选项"按钮，在弹出的列表中选择"调整到屏幕大小"选项也可将素材调整到屏幕大小。

03 再次单击鼠标右键，执行"保持宽高比"命令，如图 6-17 所示。

图 6-17　执行"保持宽高比"命令

04 此时的图像大小已等比例调整到屏幕大小，如图 6-18 所示。

图 6-18　调整到屏幕大小

3. 自由调整大小与位置

对覆叠素材可以随意调整大小与位置。

01 在会声会影视频轨与覆叠轨中分别添加素材，如图 6-19 所示。

图 6-19　添加素材

02 选择覆叠轨中的素材，在预览窗口中，将鼠标放置在定界框四角的黄色节点上，此时鼠标变成斜双向箭头状态，如图 6-20 所示。

图 6-20　放置在黄色节点上

03 拖曳鼠标可以等比例调整素材的大小，如图 6-21 所示。

图 6-21　等比例缩放

04 将鼠标放置在定界框四周的黄色节点上，拖曳鼠标可单独调整素材的宽度或高度，如图 6-22 所示。

图 6-22　调整高度

05 调整素材到合适的大小后，将鼠标放置在素材上，此时鼠标呈✥显示，拖曳鼠标即可移动素材的位置，如图 6-23 所示。

图 6-23　移动位置

06 移动到合适的位置后，效果如图 6-24 所示。

图 6-24 效果

6.1.4 恢复默认大小

在预览窗口中调整覆叠素材的大小后可以将其恢复到默认大小。

素材文件

教学资源\视频\第 6 章\6.1.4 恢复默认大小.mp4
实例效果

01 启动会声会影，执行"文件"|"打开项目"命令，打开项目文件，如图 6-25 所示。

图 6-25 打开项目文件

02 在预览窗口中预览原项目中素材的大小，如图 6-26 所示。

图 6-26 预览原素材大小

03 选择覆叠轨中的素材，在预览窗口中单击鼠标右键，执行"默认大小"命令，如图 6-27 所示。

图 6-27 执行"默认大小"命令

04 即可将素材恢复到默认大小，如图 6-28 所示。

图 6-28 恢复到默认大小

提示

在选项面板中单击"对齐选项"按钮，在展开的列表中选择"默认大小"选项，如图 6-29 所示。

图 6-29 选择"默认大小"选项

6.1.5 调整覆叠素材的形状

覆叠素材变形多用于将覆叠素材融合在背景边框中的操作。

素材文件

教学资源\视频\第 6 章\6.1.5 调整覆叠素材的形状 .mp4
实例效果

01 在视频轨中添加素材，如图 6-30 所示。

图 6-30　在视频轨中添加素材

02 在覆叠轨上单击鼠标右键，执行"插入照片"命令，
添加素材图像，如图 6-31 所示。

图 6-31　在覆叠轨中添加素材

03 选择覆叠素材，在预览窗口中将鼠标放置在覆叠素材
黄色调节点上，调整素材到合适的大小，如图 6-32 所示。

图 6-32　调整素材的大小

04 将鼠标放置在素材右上角的绿色调节点上，此时鼠标
呈 状，拖曳鼠标，如图 6-33 所示，释放鼠标即可调节
右上角的节点。

图 6-33　拖曳右上角的节点

05 将鼠标放置在素材右下角的绿色调节点上，拖曳鼠标
调节右下角的节点，如图 6-34 所示。

图 6-34　调整右下角的节点

06 采用同样的方法调整另外两个节点的位置，如图 6-35 所示。

图 6-35　调整另外两个节点

07 在预览窗口中预览调整覆叠素材的形状效果，如图
6-36 所示。

图 6-36　预览效果

6.1.6 重置变形

对素材进行变形后也可以将其恢复到原始形式。选择覆叠素材，在预览窗口中单击鼠标右键，执行"重置变形"命令，如图 6-37 所示。或者单击选项面板中的"对齐选项"按钮，在弹出的列表中选择"重置变形"选项，如图 6-38 所示。

图 6-37　执行"重置变形"命令

图 6-38　选择"重置变形"选项

6.1.7 设置对齐方式

在预览窗口中可以对覆叠素材的位置进行手动调整，还可以对其进行对齐调整。

素材文件

教学资源 \ 视频 \ 第 6 章 \6.1.7 设置对齐方式 .mp4
实例效果

01 启动会声会影，执行"文件"|"打开项目"命令，打开项目文件，如图 6-39 所示。

图 6-39　打开项目文件

02 在预览窗口中查看素材的原效果，如图 6-40 所示。

图 6-40　查看素材原效果

03 选中覆叠轨中的素材，在预览窗口中单击鼠标右键，执行"停靠在中央"|"居中"命令，如图 6-41 所示。

图 6-41　执行"居中"命令

04 执行操作后，预览对齐后的效果，如图 6-42 所示。

图 6-42　对齐后的效果

05 选中覆叠轨中的素材，在预览窗口中单击鼠标右键，执行"停靠在底部"|"居中"命令，如图 6-43 所示。

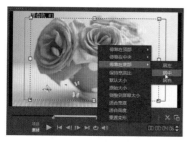

图 6-43　执行"居中"命令

06 执行操作后，预览对齐后的效果，如图 6-44 所示。

图 6-44　查看对齐后的效果

提示

选中覆叠素材，在选项面板中单击"对齐选项"按钮，在弹出的列表中也可执行对齐操作。

6.1.8　复制覆叠属性

在覆叠轨中的一个覆叠上设置各种参数后，可以将所有或部分参数进行复制并粘贴到其他素材上。

素材文件

教学资源 \ 视频 \ 第 6 章 \6.1.8 复制覆叠属性 .mp4
实例效果

01 启动会声会影，打开一个项目文件，如图 6-45 所示。

图 6-45　打开项目

02 在导览面板中单击"播放"按钮，预览效果，图 6-46 所示。

图 6-46　预览效果

03 在覆叠轨中单击鼠标右键，执行"插入照片"命令，添加素材，如图 6-47 所示。

图 6-47　添加素材

04 选中素材 1，单击鼠标右键，执行"复制属性"命令，如图 6-48 所示。

图 6-48　执行"复制属性"命令

05 选中素材 2，单击鼠标右键，执行"粘贴所有属性"命令，如图 6-49 所示。

图 6-49　执行"粘贴所有属性"命令

06 在预览窗口中预览粘贴覆叠属性的效果，如图 6-50 所示。

图 6-50　预览效果

07　或者选择需要粘贴属性的素材，单击鼠标右键，执行"粘贴可选属性"命令，如图 6-51 所示。

图 6-51　执行"粘贴可选属性"命令

08　弹出"粘贴可选属性"对话框，选择相应的复选框，如图 6-52 所示。

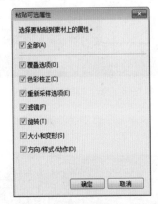

图 6-52　"粘贴可选属性"对话框

09　单击"确定"按钮即可粘贴相应的属性。

6.1.9　添加覆叠轨

　　会声会影 X9 提供了 20 条覆叠轨，默认的时间轴中仅显示了一条覆叠轨，下面介绍如何添加覆叠轨。

素材文件

教学资源 \ 视频 \ 第 6 章 \6.1.9 添加覆叠轨 .mp4
实例效果

1.　轨道管理器添加

01　启动会声会影，在时间轴中可以看到默认仅有一条覆叠轨，如图 6-53 所示。

图 6-53　时间轴中的覆叠轨

02　在时间轴中单击鼠标右键，执行"轨道管理器"命令，如图 6-54 所示。

图 6-54　执行"轨道管理器"命令

03　弹出"轨道管理器"对话框，单击覆叠轨后的三角按钮，弹出下拉列表，如图 6-55 所示。

图 6-55　弹出下拉列表

04　选择需要的轨道后，单击"确定"按钮即可在时间轴中新增覆叠轨，新增的轨道以名称顺序进行排列，如图 6-56 所示。

图 6-56　新增轨道

单击时间轴中的"轨道管理器"按钮 ，也可以打开"轨道管理器"对话框。

05 分别在视频轨和覆叠轨中添加素材，如图 6-57 所示。

图 6-57　添加素材

06 在预览窗口中调整覆叠素材的大小及位置，预览最终效果，如图 6-58 所示。

图 6-58　预览效果

2. 右键直接添加

在时间轴中可以直接使用右键添加覆叠轨，这是会声会影 X9 的新增功能。可以根据实际工作需要选择在轨道上方或下方插入新的覆叠轨，也能直接右键删除不需要的轨道。

01 在覆叠轨 1 最左侧的图标 上单击鼠标右键，执行"插入轨上方"命令，如图 6-59 所示。

图 6-59　执行"插入轨上方"命令

02 即可在轨道上方添加一条新的轨道，如图 6-60 所示。

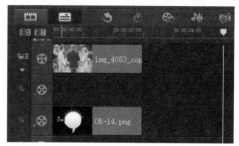

图 6-60　添加新的轨道

03 再次单击鼠标右键，执行"插入轨下方"命令，如图 6-61 所示，即可在该轨道下方插入新的轨道，如图 6-62 所示。

图 6-61　执行"插入轨下方"命令

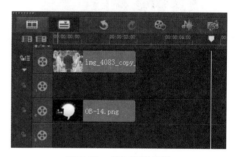

图 6-62　插入新的轨道

04 执行"删除轨"命令可以直接删除空轨道，而删除的轨道上有素材时，会弹出提示对话框，如图 6-63 所示。

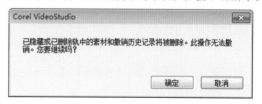

图 6-63　弹出提示对话框

6.1.10　调整覆叠轨中的位置

添加到覆叠轨中的素材可以调整其位置，以确定其入镜的时间。

素材文件

教学资源\视频\第 6 章\6.1.10 调整覆叠轨中的位置 .mp4
实例效果

01 启动会声会影，在视频轨中添加两个素材，如图 6-64 所示。

图 6-64　在视频轨中添加素材

02 在覆叠轨中添加一个素材，如图 6-65 所示。

图 6-65　在覆叠轨添加素材

03 在预览窗口中调整素材的显示位置，如图 6-66 所示。

图 6-66　调整素材的显示位置

04 在时间轴中选择覆叠素材，单击鼠标将其拖曳到合适的位置，如图 6-67 所示。

图 6-67　调整素材的位置

05 单击导览面板中的"播放"按钮预览效果，如图 6-68 所示。

图 6-68　预览效果

6.1.11　选择同轨道的所有介质

素材文件

教学资源\视频\第 6 章\6.1.11 选择同轨道的所有介质 .mp4
实例效果

01 启动会声会影，执行"文件"|"打开项目"命令，打开项目，如图 6-69 所示。

图 6-69　打开项目

02 在时间轴中单击覆叠轨 1，在覆叠轨 1 图标上单击鼠标右键，执行"选择所有介质"命令，如图 6-70 所示。

图 6-70　执行"选择所有介质"命令

03 此时覆叠轨 1 中的素材被全部选中，单击鼠标，将其拖曳到视频轨上，如图 6-71 所示。

图 6-71　选中全部并拖曳

04 在预览窗口中预览效果，如图 6-72 所示。

图 6-72　预览效果

<img>提示</img>

　　选择覆叠轨 1 中的第一个素材，按住 Shift 键，单击最后一个素材，也可将该轨道内的所有介质全部选中。

6.1.12　交换轨道

　　在会声会影 X9 中，覆叠轨道之间可以交换。执行交换操作后，轨道中的素材即改变显示顺序。

<img>素材文件</img>

教学资源 \ 视频 \ 第 6 章 \6.1.12 交换轨道 .mp4
实例效果

01 启动会声会影，执行"文件"|"打开项目"命令，打开项目文件，如图 6-73 所示。

图 6-73　打开项目文件

02 在预览窗口中预览原视频效果，如图 6-74 所示。

图 6-74　预览原视频效果

03 在覆叠轨 1 的图标上单击鼠标右键，执行"交换轨"|"覆叠轨 #2"命令，如图 6-75 所示。

图 6-75　执行命令

04 交换轨道后时间轴，如图 6-76 所示。

图 6-76　交换轨道后

05 在预览窗口中预览效果，如图 6-77所示。

图 6-77　预览效果

<img>提示</img>

　　在会声会影中，仅在打开多条覆叠轨时才能执行交换轨的操作。

6.1.13　禁用或启用轨道

在会声会影中，可以将某覆叠轨禁用，禁用后该轨道内的素材则会被隐藏。用户可以通过禁用或启用轨道来对比使用该轨道素材的前后效果。

素材文件

教学资源 \ 视频 \ 第 6 章 \6.1.13 禁用或启用轨道 .mp4
实例效果

01 在会声会影的视频轨和覆叠轨中分别添加素材，如图 6-78 所示。

图 6-78　添加素材

02 在预览窗口调整覆叠素材的位置，预览效果如图 6-79 所示。

图 6-79　预览效果

03 选择覆叠轨 1 图标 🎬，单击鼠标，如图 6-80 所示。

图 6-80　单击图标

04 此时的覆叠轨 1 即已经被禁用，如图 6-81 所示。

图 6-81　禁用轨道后

05 禁用后覆叠轨 1 上的素材被隐藏，在预览窗口中预览效果，如图 6-82 所示。

图 6-82　预览效果

06 再次单击覆叠轨 1 图标 🎬，如图 6-83 所示，即可重新启用该轨道。

图 6-83　再次单击

提示

禁用轨道可以隐藏该轨道内的所有素材，单击轨道中的某个素材，在预览窗口中也可临时显示该素材效果。

6.1.14　启用轨道连续编辑

使用连续编辑功能可以在插入或删除素材时相应地自动移动其他素材，保持轨道的原始同步。

教学资源 \ 视频 \ 第 6 章 \6.1.14 启用轨道连续编辑 .mp4
实例效果

01 启动会声会影，执行"文件"|"打开项目"命令，打开项目文件，如图 6-84 所示。

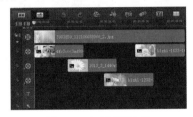

图 6-84　打开项目文件

02 单击时间轴中的"启用 / 禁用连续编辑"按钮，然后单击该按钮下的"连续编辑选项"按钮，如图 6-85 所示。

图 6-85　单击"连续编辑选项"按钮

03 在弹出的列表中选择需要连续编辑的轨道，如图 6-86 所示。

图 6-86　选择连续轨道

04 或者直接单击相应轨道前的小锁图标，当图标变成时，则启用了连续编辑，如图 6-87 所示。

图 6-87　启用连续编辑

05 在视频轨中添加一个素材，此时启用连续编辑的轨道会发生相应的移动，如图 6-88 所示。

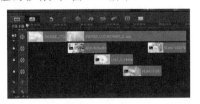

图 6-88　轨道相应移动

06 在预览窗口中预览效果，如图 6-89 所示。

图 6-89　预览效果

6.2　制作覆叠效果

制作覆叠效果包括了调整覆叠素材的不透明、设置覆叠素材的边框、使用色度键抠图、裁剪覆叠素材、应用预设遮罩效果、应用自定义遮罩效果等。

6.2.1　设置不透明度

在会声会影中可以将覆叠对象的透明度降低，从而显示出部分背景，使覆叠素材与背景完美融合。

教学资源 \ 视频 \ 第 6 章 \6.2.1 设置不透明度 .mp4
实例效果

01 在视频轨和覆叠轨中分别添加素材，如图 6-90 所示。

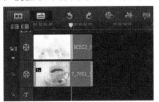

图 6-90　添加素材

02 分别将素材调整至屏幕大小，如图 6-91 所示。

图 6-91　调整素材到屏幕大小

03 选择覆叠轨中的素材，展开选项面板，单击"遮罩和色度键"按钮 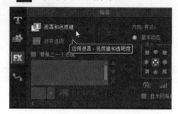，如图 6-92 所示。

图 6-92　单击"遮罩和色度键"按钮

04 弹出相应的面板，单击透明度后的 按钮，拖曳滑块或直接在文本框中输入透明度参数为 30，如图 6-93 所示。

图 6-93　设置透明度参数

05 在预览窗口中预览遮罩透明度的最终效果，如图 6-94 所示。

图 6-94　查看最终效果

6.2.2　设置覆叠边框

在会声会影 X9 中可以为覆叠素材添加边框，还可以设置边框的颜色。

素材文件

教学资源 \ 视频 \ 第 6 章 \6.2.2 设置覆叠边框 .mp4
实例效果

01 在视频轨和覆叠轨中分别添加素材，如图 6-95 所示。

图 6-95　添加素材

02 在预览窗口中预览原效果，如图 6-96 所示。

图 6-96　预览原效果

03 选择覆叠轨中的素材，展开选项面板，单击"遮罩和色度键"按钮 ，如图 6-97 所示。

图 6-97　单击"遮罩和色度键"按钮

04 弹出相应的面板，设置"边框"参数为 2，如图 6-98 所示。

图 6-98　设置边框参数

提示

在会声会影 X9 中，边框的数值范围为 0~10。

05 单击后面的色块，在弹出的列表中可以选择其他边框颜色，如图 6-99 所示。

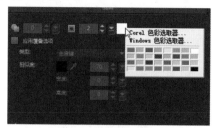

图 6-99　设置边框颜色

06 在预览窗口中调整素材的大小及位置，最终效果如图 6-100 所示。

图 6-100　最终效果

6.2.3　使用色度键抠图

　　天气预报员站在蓝布前指点江山，然后对其应用色度键抠像，放置在天气报道的视频前，制作的最终效果就是我们看到的天气预报。在会声会影中，通过色度键选项，去掉覆叠轨中素材多余的背景，使素材与画面融为一体。

素材文件

教学资源 \ 视频 \ 第 6 章 \6.2.3 使用色度键抠图 .mp4
实例效果

01 在视频轨和覆叠轨中分别添加素材，如图 6-101 所示。

图 6-101　添加素材

02 选择覆叠轨中的素材，展开选项面板，单击"遮罩和色度键"按钮，如图 6-102 所示。

图 6-102　单击"遮罩和色度键"按钮

03 弹出相应的选项面板，选中"应用覆叠选项"复选框，如图 6-103 所示。

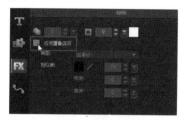

图 6-103　选中"应用覆叠选项"复选框

04 在"类型"下拉列表中选择"色度键"选项，如图 6-104 所示。

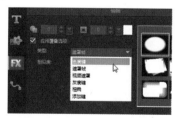

图 6-104　选择"色度键"选项

05 单击"相似度"后的色块，可在弹出的列表中选择抠去的颜色，如图 6-105 所示。

图 6-105　选择颜色

06 或者单击"吸管"按钮 🖋，在右侧的预览图或预览窗口中吸取颜色，如图 6-106 所示。

图 6-106 吸取颜色

07 在右侧通过拖曳滑块来调整数值，如图 6-107 所示。

图 6-107 调整数值

08 在预览窗口中调整遮罩素材的大小和位置，预览最终效果，如图 6-108 所示。

图 6-108 预览最终效果

6.2.4 使用色度键裁剪

色度键除了可以进行抠图外，还可以对图像进行裁剪。

🔲 素材文件

教学资源 \ 视频 \ 第 6 章 \6.2.4 使用色度键裁剪 .mp4
实例效果

01 在视频轨和覆叠轨中分别添加素材，如图 6-109 所示。

02 选择视频轨中的素材，选择覆叠轨中的素材，展开选

项面板，单击"遮罩和色度键"按钮 🖼，如图 6-110 所示。

图 6-109 添加素材

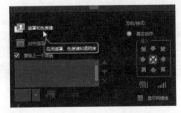

图 6-110 单击"遮罩和色度键"按钮

03 弹出相应的选项面板，选中"应用覆叠选项"复选框，在类型的下拉列表中选择"色度键"选项，设置"相似度"参数为 0，如图 6-111 所示。

图 6-111 选择"色度键"选项

04 调整宽度或高度参数，如图 6-112 所示。

图 6-112 调整参数

05 在预览窗口中单击鼠标右键，执行"调整到屏幕大小"命令，然后再次单击鼠标右键，执行"保持宽高比"命令，如图 6-113 所示。

图 6-113 执行"保持宽高比"命令

06 调整素材后的最终效果如图 6-114 所示。

图 6-114　最终效果

6.2.5　应用预设遮罩效果

遮罩能使素材局部透明，其原理是白色的部分显示，黑色的部分掩盖，而灰色的部分呈现半透明状态。会声会影 X9 提供了 35 种预设遮罩效果。

🎬 **素材文件**

教学资源 \ 视频 \ 第 6 章 \6.2.5 应用预设遮罩效果 .mp4
实例效果

01 在视频轨和覆叠轨中分别添加一张素材图片，如图 6-115 所示。

图 6-115　添加素材

02 选择覆叠轨中的素材，展开"选项"面板，单击"遮罩和色度键"按钮，如图 6-116 所示。

图 6-116　单击"遮罩和色度键"按钮

03 在"遮罩和色度键"面板中，勾选"应用覆叠选项"复选框，在"类型"下拉列表中选择"遮罩帧"选项，如图 6-117 所示。

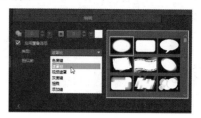

图 6-117　选择"遮罩帧"选项

04 在其右侧的预设样式中选择合适的遮罩样式，如图 6-118 所示。

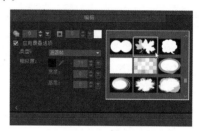

图 6-118　选择合适的遮罩样式

05 在预览窗口中调整素材的大小及位置，如图 6-119 所示。

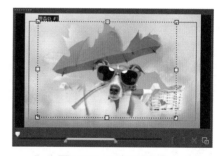

图 6-119　预览最终效果

6.2.6　应用自定遮罩效果

除了预设的遮罩效果外，用户还可以添加自定遮罩效果。

🎬 **素材文件**

教学资源 \ 视频 \ 第 6 章 \6.2.6 应用自定遮罩效果 .mp4
实例效果

01 在视频轨和覆叠轨中分别添加素材，如图 6-120 所示。

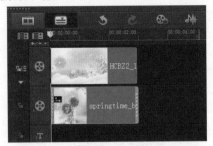

图 6-120　添加素材

02 选择覆叠轨中的素材，展开"选项"面板，单击"遮罩和色度键"按钮，如图 6-121 所示。

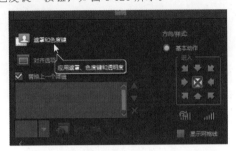

图 6-121　单击"遮罩和色度键"按钮

03 在"遮罩和色度键"面板中勾选"应用覆叠选项"复选框，在"类型"下拉列表中选择"遮罩帧"选项，如图 6-122 所示。

图 6-122　选择"遮罩帧"选项

04 单击"添加遮罩项"图标，如图 6-123 所示。

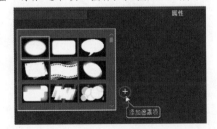

图 6-123　单击"添加遮罩项"图标

05 弹出"浏览照片"对话框，选择遮罩素材，单击"打开"按钮，如图 6-124 所示。

06 弹出提示对话框，单击"确定"按钮，如图 6-125 所示。

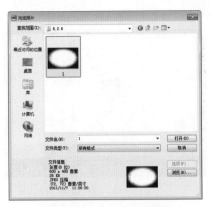

图 6-124　单击"打开"按钮

图 6-125　单击"确定"按钮

07 此时的遮罩列表中即添加了自定的遮罩，如图 6-126 所示。

图 6-126　添加自定遮罩

08 在预览窗口中调整素材的大小及位置，如图 6-127 所示，预览最终效果。

图 6-127　调整大小与位置

6.2.7　将滤镜应用至 Alpha 通道

Alpha 通道用来记录图像中的透明度信息，定义透明、不透明和半透明的区域。在会声会影中，将滤镜应用至 Alpha 通道，只适用于添加到覆叠轨中的包含 Alpha 通道的文件格式，如 TGA 格式。

 **素材文件**

教学资源\视频\第 6 章\6.2.7 将滤镜应用至 Alpha 通道 .mp4
实例效果

01 在视频轨中添加素材，如图 6-128 所示。

图 6-128　添加素材

02 在覆叠轨中添加 TGA 格式的素材，如图 6-129 所示。

图 6-129　添加素材

03 单击素材库中的"滤镜"按钮，进入"滤镜"素材库中，选择"气泡"滤镜，如图 6-130 所示。

图 6-130　选择滤镜

04 将其拖曳添加到覆叠轨中的素材上，在预览窗口中调整素材大小与位置，如图 6-131 所示。

图 6-131　调整大小与位置

05 在覆叠轨中选择覆叠素材，单击鼠标右键，此时的"将滤镜应用至 Alpha 通道"已经选中，如图 6-132 所示。

图 6-132　单击鼠标右键

06 取消勾选该选项，在预览窗口中预览效果，如图 6-133 所示。

图 6-133　预览效果

6.3　设置方向与样式

在会声会影覆叠轨中添加素材后，可以在选项面板的方向、样式中设置素材的进入退出方向、旋转动画、淡入淡出动画及暂停区间等参数。

6.3.1　进入与退出

在会声会影 X9 中，用户可通过"选项"面板为覆叠轨中的素材设置进入与退出方向，使画面中的覆叠素材产生动画效果。

 **素材文件**

教学资源\视频\第 6 章\6.3.1 进入与退出 .mp4
实例效果

01 在会声会影视频轨中和覆叠轨中分别添加素材，如图 6-134 所示。

图 6-134　插入素材到视频轨中

02 选择覆叠轨中的素材，在预览窗口中调整素材的大小及位置，如图 6-135 所示。

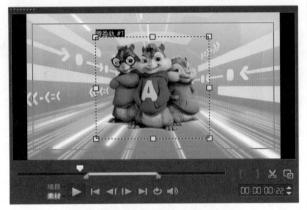

图 6-135　调整素材的大小及位置

03 展开"选项"面板，在"方向 / 样式"的"进入"选项组中单击"从下方进入"按钮，如图 6-136 所示。

图 6-136　单击"从下方进入"按钮

04 在"退出"选项组中单击"从右边退出"按钮，如图 6-137 所示。

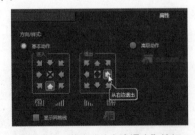

图 6-137　单击"从右边退出"按钮

05 单击导览面板中的"播放"按钮，预览最终效果，如图 6-138 所示。

图 6-138　预览最终效果

6.3.2　区间旋转动画

区间旋转动画是指在覆叠素材进行运动时的暂停时间前后的旋转效果。

素材文件

教学资源 \ 视频 \ 第 6 章 \6.3.2 区间旋转动画 .mp4
实例效果

01 在会声会影视频轨中添加素材并调整到项目大小，如图 6-139 所示。

图 6-139　添加素材

02 在覆叠轨中添加素材并在预览窗口中调整素材的大小及位置，如图 6-140 所示。

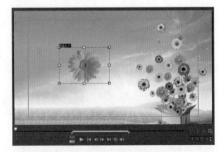

图 6-140　添加素材

03 选择素材，进入选项面板，在方向 / 样式中单击"从下方进入"按钮，如图 6-141 所示。

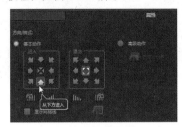

图 6-141　设置方向

04 单击"暂停区间后旋转"按钮，如图 6-142 所示。

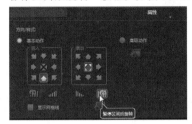

图 6-142　设置样式

05 在导览面板中单击"播放"按钮，预览设置覆叠区间旋转动画的效果，如图 6-143所示。

图 6-143　区间旋转动画的效果

6.3.3　淡入淡出动画

淡入淡出动画指覆叠素材淡入画面和淡出画面的效果。淡入与淡出能使素材自然地入画和出画。

素材文件

教学资源 \ 视频 \ 第 6 章 \6.3.3 淡入淡出动画 .mp4
实例效果

 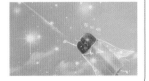

01 在视频轨和覆叠轨中分别添加素材，如图 6-144 所示。

图 6-144　插入素材到视频轨中

02 调整视频轨中的素材到屏幕大小，调整覆叠素材的大小及位置，如图 6-145 所示。

图 6-145　调整素材的大小及位置

03 展开"选项"面板，单击"淡入动画效果"按钮，如图 6-146 所示。

图 6-146　单击"淡入动画效果"按钮

04 然后单击"淡出动画效果"按钮，如图 6-147 所示。

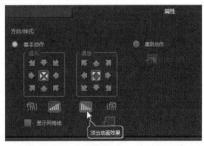

图 6-147　单击"淡出动画效果"按钮

05 单击导览面板中的"播放"按钮，预览最终效果，如图 6-148 所示。

图 6-148　预览最终效果

6.3.4　设置动画暂停区间

为素材添加方向与样式后，可以在导览面板中调整动画的暂停区间，以控制动画的停留时间。

📁 **素材文件**

教学资源 \ 视频 \ 第 6 章 \6.3.4 设置动画暂停区间 .mp4
实例效果

[01] 在视频轨和覆叠轨中分别添加素材，如图 6-149 所示。

图 6-149　添加素材

[02] 选择覆叠轨中的素材，在预览窗口中调整素材的大小及位置，如图 6-150 所示。

图 6-150　调整素材大小与位置

[03] 选择覆叠素材，在选项面板中单击"从左下方进入"按钮，如图 6-151 所示。

图 6-151　单击"从左下方进入"按钮

[04] 在导览面板中调整动画的暂停区间，如图 6-152 所示。

图 6-152　调整暂停区间

[05] 单击导览面板中的"播放"按钮，预览动画效果，如图 6-153 所示。

图 6-153　预览效果

6.4　路径运动

会声会影提供了路径运动功能，为素材添加路径后，素材会沿着路径进行运动。用户还可以对路径进行大小、角度、阴影、边框等参数的设置。本节将介绍路径的应用方法。

6.4.1　添加路径

在会声会影"路径"素材库中，提供了 10 种预设路径效果，将路径添加到覆叠轨素材上可以使素材沿着预设的路径运动。

素材文件

教学资源 \ 视频 \ 第 6 章 \6.4.1 添加路径 .mp4
实例效果

01 在视频轨和覆叠轨中分别添加素材，如图 6-154 所示。

图 6-154　添加素材

02 单击素材库面板中的"路径"按钮，进入路径素材库，选择一种路径，如图 6-155 所示。

图 6-155　选择路径

03 将其拖曳到覆叠轨中的素材上，在预览窗口中预览添加路径的效果，如图 6-156所示。

图 6-156　预览路径效果

6.4.2　删除路径

　　添加到素材上的路径可以将其删除，下面介绍删除路径的方法。

素材文件

教学资源 \ 视频 \ 第 6 章 \6.4.2 删除路径 .mp4
实例效果

01 启动会声会影，执行"文件"|"打开项目"命令，打开项目文件，如图 6-157 所示。

图 6-157　打开项目文件

02 在预览窗口中预览应用路径的效果，如图 6-158 所示。

图 6-158　预览路径效果

03 选择覆叠素材，单击鼠标右键，执行"删除动作"命令，如图 6-159 所示。

图 6-159　执行"删除动作"命令

04 或者执行"编辑"|"删除动作"命令，如图 6-160 所示。

图 6-160　执行命令

05 删除路径后，在预览窗口中预览效果，如图 6-161 所示。

图 6-161　预览删除路径的效果

6.4.3　自定义路径

除了使用素材库中的预设路径外，还可以为覆叠轨中的素材自定路径效果，下面将介绍自定义路径的操作方法。

素材文件

教学资源 \ 视频 \ 第 6 章 \6.4.3 自定义路径 .mp4
实例效果

01 启动会声会影，在视频轨和覆叠轨中分别添加素材，如图 6-162 所示。分别调整素材的大小。

图 6-162　添加素材

02 选择覆叠轨中的素材，展开选项面板，选中"高级动作"单选按钮，如图 6-163 所示。

图 6-163　选中"高级动作"单选按钮

03 弹出"自定义动作"对话框，如图 6-164 所示。

图 6-164　"自定义动作"对话框

04 在预览窗口中拖曳素材的位置，即会显示一条蓝色的路径运动轨迹，如图 6-165 所示。

图 6-165　拖曳素材

05 在旋转选项组中设置 Y 的参数为 -30，在阴影选项组中设置阴影的不透光度为 60，如图 6-166 所示。

图 6-166　设置角度与阴影

06 在外框选项组中设置外框大小为 2，在镜射选项组中设置镜射不透光度为 50，如图 6-167 所示。

图 6-167　设置外框与镜射

07 在第一个关键帧上单击鼠标右键，执行"复制"命令，如图 6-168 所示。

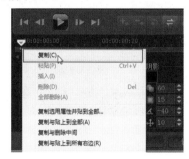

图 6-168　执行"复制"命令

08 选择第二个关键帧，单击鼠标右键，执行"粘贴"命令，如图 6-169 所示。

图 6-169　执行"粘贴"命令

09 在预览窗口中拖曳素材的位置，并调整素材大小及角度，如图 6-170 所示。

图 6-170　调整素材

10 单击"确定"按钮完成设置。在导览面板中单击"播放"按钮，预览效果，如图 6-171 所示。

图 6-171　预览效果

6.4.4　套用追踪路径

套用追踪路径是基于视频的动态追踪来实现的。下面介绍套用动态追踪路径的操作方法。

视频文件

教学资源 \ 视频 \ 第 6 章 \6.4.4 套用追踪路径 .mp4

01 启动会声会影，在视频轨中添加一段视频素材，如图 6-172 所示。

图 6-172　添加视频素材

02 单击时间轴上的"动态追踪"按钮，如图 6-173 所示。

图 6-173　单击"动态追踪"按钮

03 弹出"动态追踪"对话框，单击"动态追踪"按钮，如图 6-174 所示。

04 开始追踪动态，并显示出路径，单击"确定"按钮，如图 6-175 所示。

图 6-174 单击"动态追踪"按钮

图 6-175 单击"确定"按钮

05 单击"确定"按钮关闭对话框。在时间轴中的覆叠轨上新增一个素材,如图 6-176 所示。

图 6-176 新增覆叠素材

06 选择素材,单击鼠标右键,此时可以看到"套用动态追踪"选项被选中,如图 6-177 所示。

图 6-177 套用动态追踪

07 选择素材,单击鼠标右键,执行"替换素材"|"照片"命令,如图 6-178 所示。

图 6-178 执行"照片"命令

08 在弹出的对话框中选择素材,单击"打开"按钮,替换素材,如图 6-179 所示。

图 6-179 替换素材

09 替换后的素材即已经套用了动态追踪路径。

10 单击鼠标右键,选择"套用追踪路径"选项,如图 6-180 所示。

图 6-180 选择"套用追踪路径"选项

11 弹出"套用追踪路径"对话框,对参数进行修改,如图 6-181 所示。

图 6-181 修改参数

12 单击"确定"按钮关闭对话框。将视频轨中的素材删除或替换后，覆叠轨中的素材自动取消套用动态路径，转换为自定路径。

13 单击鼠标右键，执行"自定路径"命令，如图 6-182 所示。

图 6-182　执行"自定路径"命令

14 弹出提示对话框，提示动态属性将遗失，如图 6-183 所示。

图 6-183　提示对话框

第 7 章 视频转场的完美过渡

完整的影片是由一个一个场景连接起来的，在场景与场景之间通常需要用到转场效果，使其过渡自然、衔接紧凑，从而集中观众的注意力。又或者用转场来渲染影片气氛、强调对比，以增加视觉跳动。本章将介绍视频转场特效的使用方法。

7.1 转场的基本操作

电影、电视剧、宣传片、片头等视频作品经常需要进行场景转换，使影片叙事流畅。会声会影 X9 中共有 126 种转场效果，在本节中将介绍转场的基本操作方法。

7.1.1 添加转场效果

转场是基于两个或两个以上场景的，因此在添加转场之前必须添加媒体素材。会声会影 X9 中添加转场效果十分简单，下面将介绍转场的添加方法。

> 📀 素材文件
>
> 教学资源 \ 视频 \ 第 7 章 \7.1.1 添加转场效果 .mp4
> 实例效果

01 启动会声会影，在故事板视图中单击鼠标右键，执行"插入照片"命令，如图 7-1 所示。

图 7-1　执行"插入照片"命令

02 在弹出的"浏览照片"对话框中选择 3 个素材，如图 7-2 所示。

图 7-2　选择素材

03 单击"打开"按钮，添加素材到故事板视图中，如图 7-3 所示。依次调整素材到屏幕大小。

图 7-3　添加素材

04 单击"转场"按钮，进入"转场"素材库，选择"对开门"转场，如图 7-4 所示。

05 将其拖曳到故事板中的素材之间，如图 7-5 所示。

图 7-4　选择"对开门"转场

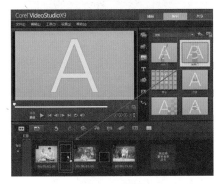

图 7-5　拖曳

06 释放鼠标即可添加该转场到两素材之间，如图 7-6 所示。

图 7-6　添加转场

07 采用同样的方法，添加其他转场到素材 2 与素材 3 之间。
08 在预览窗口中查看添加转场后的效果，如图 7-7 所示。

图 7-7　查看转场效果

7.1.2　自动添加转场

当需要用大量的静态图像制作成视频相册时，可通过会声会影为素材图片自动添加转场效果。

素材文件

教学资源 \ 视频 \ 第 7 章 \7.1.2 自动添加转场 .mp4
实例效果

01 启动会声会影，执行"设置"|"参数选择"命令，如图 7-8 所示。

图 7-8　执行"参数选择"命令

02 弹出"参数选择"对话框，切换至"编辑"选项卡，如图 7-9 所示。

图 7-9　"编辑"选项卡

03 勾选"自动添加转场效果"复选框，在"默认转场效果"下拉列表中，选择需要的转场选项，如图 7-10 所示，单击"确定"按钮。

04 在视频轨中添加 3 张素材图片，程序会自动为其添加转场，如图 7-11 所示。

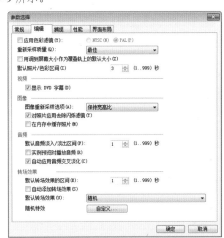

图 7-10 "编辑"选项卡

图 7-11 自动添加转场

05 单击"播放"按钮,预览转场效果,如图 7-12所示。

图 7-12 预览最终效果

提示

使用默认的转场效果,主要适合于初学者,此方法能快速且方便地为素材添加转场效果。

7.1.3 应用随机效果

 素材文件

教学资源 \ 视频 \ 第 7 章 \7.1.3 应用随机效果 .mp4
实例效果

01 在会声会影视频轨中添加 3 张素材图片,如图 7-13 所示。分别将其调整到屏幕大小。

图 7-13 添加素材

02 单击"转场"按钮,切换至"转场"素材库,如图 7-14 所示。

图 7-14 "转场"素材库

03 单击素材库右上角的"对视频轨应用随机效果"按钮,如图 7-15 所示。

图 7-15 单击"对视频轨应用随机效果"按钮

04 程序会在素材图像之间添加随机转场效果,如图 7-16 所示。

图 7-16 添加转场效果

05 单击导览面板中的"播放"按钮,预览转场效果,如图 7-17所示。

图 7-17　预览最终效果

提示

　　若素材之间已经添加了转场效果，对其应用当前效果时，会弹出提示对话框，如图 7-18 所示。提示用户是否确认操作，单击"是"按钮，会替换原有的素材转场；单击"否"按钮，则只对其他未添加转场的素材之间添加该转场效果。

图 7-18　提示对话框

7.1.4　应用当前转场

　　为视频轨中的素材添加相同转场时，便可应用当前效果。

素材文件

教学资源 \ 视频 \ 第 7 章 \7.1.4 应用当前转场 .mp4
实例效果

01 在会声会影视频轨中添加多张素材，如图 7-19 所示。分别选择素材，将素材调整到屏幕大小。

图 7-19　添加素材

02 单击"转场"按钮，进入转场素材库，选择"方盒"转场，单击鼠标右键，执行"对视频轨应用当前效果"命令，如图 7-20 所示。

图 7-20　执行"对视频轨应用当前效果"命令

03 在视频轨中所有素材之间均添加了该转场效果，如图 7-21 所示。

图 7-21　添加转场后

04 在导览面板中单击"播放"按钮，预览转场效果，如图 7-22 所示。

图 7-22　预览转场效果

7.1.5　删除转场效果

　　用户在场景之间添加转场后，还可以将添加的转场效果删除。

素材文件

教学资源 \ 视频 \ 第 7 章 \7.1.5 删除转场效果 .mp4
实例效果

01 启动会声会影,执行"文件"|"打开项目"命令,打开项目文件,如图 7-23 所示。

图 7-23　打开项目文件

02 单击导览面板中的"播放"按钮,预览转场效果,如图 7-24 所示。

图 7-24　预览转场效果

03 选中素材之间的转场,单击鼠标右键,执行"删除"命令,如图 7-25 所示。

图 7-25　执行"删除"命令

04 在预览窗口中预览删除转场后的效果,如图 7-26 所示。

图 7-26　删除转场后的效果

 提示

选中素材之间的转场效果,按 Delete 键可快速将转场删除。

7.1.6　收藏转场

将常用的转场效果收藏起来,可以便于下次使用,其操作方法有两种。

1. 执行相应命令

可通过快捷菜单中的命令收藏转场。

素材文件

教学资源 \ 视频 \ 第 7 章 \7.1.6 收藏转场 .mp4

01 单击"转场"按钮,进入"转场"素材库,默认进入"收藏夹"转场,此时收藏夹中无转场,如图 7-27 所示。

图 7-27　进入"转场"素材库

02 在画廊下选择"全部"选项,在全部转场中选中相应的转场,单击鼠标右键,执行"添加到收藏夹"命令即可,如图 7-28 所示。

图 7-28　执行"添加到收藏夹"命令

03 在画廊的下拉列表中选择"收藏夹"选项,如图 7-29 所示。

图 7-29　选择"收藏夹"选择

04 在收藏夹中即可以看到已经收藏的转场效果,如图 7-30 所示。

图 7-30　进入收藏夹

2. 单击相应按钮

除此之外，还可通过单击相应按钮来收藏转场。单击"转场"按钮，进入"转场"素材库，在全部素材库中选择"交叉淡化"转场，单击"添加到收藏夹"按钮 ，如图 7-31 所示。进入"收藏夹"素材库，即可看到"交叉淡化"转场已经收藏到收藏夹中了，如图 7-32 所示。

图 7-31　单击相关按钮

图 7-32　收藏夹

另外，选择时间轴已经应用了的转场，在"选项"面板中单击"添加到收藏夹"按钮同样可以收藏转场。

图 7-33　单击"添加到收藏夹"按钮

提示

若要删除"收藏夹"中的转场，只需单击鼠标右键，执行"删除"命令，或者按 Delete 键即可。

7.2　设置转场属性

添加转场到素材之间后，还可以对转场进行时间、方向、边框、柔化边缘、自定义设置。下面进行具体介绍。

7.2.1　设置转场时间

转场的区间参数是可以进行调整的，对转场区间的调整，可以加长转场片段的视频时间。

1. 选项面板设置

在素材之间添加的转场默认时间为 1 秒，用户可以对转场的时间进行自由设置。

素材文件

教学资源 \ 视频 \ 第 7 章 \7.2.1 设置转场时间 .mp4
实例效果

01 启动会声会影，在视频轨中添加两张素材图片，如图 7-34 所示。

图 7-34　添加素材

02 单击"转场"按钮，进入转场素材库，选择"菱形 B"转场，将其添加到素材之间，如图 7-35 所示。

图 7-35　添加转场

03 选择转场，进入"选项"面板，此时默认的转场区间为 1 秒，如图 7-36 所示。

04 在区间中单击鼠标，当区间数值处于闪烁状态时输入新的区间，如图 7-37 所示。

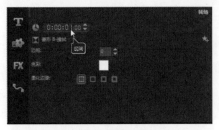

图 7-36　默认转场区间

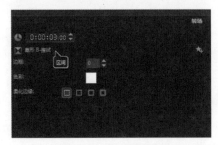

图 7-37　输入新的区间

05 此时的时间轴中转场区间即发生改变,如图 7-38 所示。

图 7-38　时间轴区间改变

06 单击导览面板中的"播放"按钮预览转场效果,如图 7-39 所示。

图 7-39　预览转场效果

2. 时间轴设置

选中视频轨中的转场,拖曳区间,此时可以看到光标后显示的区间,如图 7-40 所示。释放鼠标即可修改区间,如图 7-41 所示。

图 7-40　光标后显示的区间

图 7-41　修改区间

3. 设置默认转场时间

启动会声会影,执行"编辑"|"参数选择"命令,如图 7-42 所示。弹出对话框,切换至"编辑"选项卡,在默认转场效果的区间后设置区间数值为 2 秒,如图 7-43 所示。单击"确定"按钮即可修改默认转场区间,修改默认转场区间后,在素材之间添加的转场统一为 2 秒。

图 7-42　执行"参数选择"命令

图 7-43　设置区间数值

7.2.2　改变转场方向

在素材之间添加部分转场后，可以在选项面板中对转场方向进行修改。

素材文件

教学资源 \ 视频 \ 第 7 章 \7.2.2 改变转场方向 .mp4
实例效果

01 启动会声会影，执行"设置"|"参数选择"命令，如图 7-44 所示。

图 7-44　执行"参数选择"命令

02 弹出对话框，切换至"编辑"选项卡，在"图像重新采样"中选择"保持宽高比（无字母框）"选项，如图 7-45 所示。单击"确定"按钮。

图 7-45　选择"保持宽高比（无字母框）"选项

03 在视频轨中添加两张素材图片，并在素材之间添加"门"转场，如图 7-46 所示。

图 7-46　添加素材与转场

04 单击导览面板中的"播放"按钮，预览转场默认效果，如图 7-47 所示。

图 7-47　预览默认转场效果

05 单击"选项"按钮，进入选项面板，在方向选项组中单击"从右到左"按钮，如图 7-48 所示。

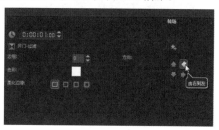

图 7-48　单击"从右到左"按钮

06 在预览窗口中预览修改转场方向后的效果，如图 7-49 所示。

图 7-49　预览修改转场方向后的效果

7.2.3　设置转场边框及色彩

在会声会影中，部分转场可以修改其转场边框与边框的颜色。

素材文件

教学资源 \ 视频 \ 第 7 章 \7.2.3 设置转场边框及色彩 .mp4
实例效果

01 在会声会影视频轨中添加两张素材图片，如图 7-50 所示。

图 7-50　添加素材

02 单击"转场"按钮，在"转场"素材库中选择"圆形"转场，将其添加到两个素材之间，如图 7-51 所示。

图 7-51　添加转场

03 单击导览面板中的"播放"按钮预览原转场效果，如图 7-52 所示。

图 7-52　预览原转场效果

04 展开"选项"面板，设置"边框"参数为 1，单击"色彩"后的色块，在弹出的列表中选择颜色，如图 7-53 所示。

图 7-53　选择边框颜色

05 在导览面板中单击"播放"按钮，预览设置转场边框及色彩的效果，如图 7-54 所示。

图 7-54　预览效果

7.2.4　设置柔化边缘

在选项面板中可以对转场边框进行柔化处理。

素材文件

教学资源 \ 视频 \ 第 7 章 \7.2.4 设置柔化边缘 .mp4
实例效果

01 在会声会影视频轨中添加两张素材图片，如图 7-55 所示。

图 7-55　添加素材

02 单击"转场"按钮，在转场素材库中选择"星形"转场，将其添加到两个素材之间，如图 7-56 所示。

图 7-56　添加转场

03 单击导览面板中的"播放"按钮预览原转场效果，如图 7-57 所示。

图 7-57 预览原转场效果

04 展开"选项"面板,在"柔滑边缘"中单击"强柔化边缘"按钮,如图 7-58 所示。

图 7-58 单击"强柔化边缘"按钮

05 在导览面板中单击"播放"按钮,预览设置柔化边缘的效果,如图 7-59所示。

图 7-59 预览柔化边缘的效果

7.2.5 自定义转场

部分转场可以对其进行自定义设置。

素材文件

教学资源\视频\第 7 章\7.2.5 自定义转场 .mp4
实例效果

01 启动会声会影,在视频轨中添加三张素材图片,如图 7-60 所示,并调整到屏幕大小。

图 7-60 插入素材图片

02 依次在素材之间添加"漩涡""3D 彩屑"转场,如图 7-61 所示。

图 7-61 添加转场

03 单击导览面板中的"播放"按钮预览转场效果,如图 7-62 所示。

图 7-62 预览效果

04 选择素材 1 与素材 2 之间的转场,展开"选项"面板,单击"自定义"按钮,如图 7-63 所示。

05 在弹出的对话框中可以对各项参数进行设置,如图 7-64 所示。

图 7-63　单击"自定义"按钮

图 7-64　设置参数

06 在预览窗口中预览效果，如图 7-65 所示。

图 7-65　预览效果

07 选择素材 2 与素材 3 之间的转场，展开"选项"面板，单击"自定义"按钮。在弹出的对话框中，单击"向西南吹"选项，如图 7-66 所示，单击"确定"按钮完成设置。

08 单击导览面板中的"播放"按钮，预览转场效果，如图 7-67 所示。

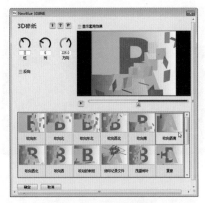

图 7-66　自定义设置

图 7-67　预览转场效果

7.3　常见实用转场

本节将介绍会声会影中的常用转场，包括交叉淡化、相册转场、百叶窗转场、遮罩转场等，通过对这些转场的介绍，使读者掌握转场在影片制作中的实际应用。

7.3.1　交叉淡化

交叉淡化转场在影视作品中经常被用到，常用于表现时间推移、事件进展、想象中的事物更替等。转场淡化会使前后画面交叠出现。

📀 素材文件

教学资源\ 视频\ 第 7 章\7.3.1 交叉淡化 .mp4
实例效果

01 启动会声会影，在视频轨中添加两张素材图片，如图 7-68 所示，分别调整素材到屏幕大小。

图 7-68　添加素材图片

02 单击"转场"按钮，进入"转场"素材库，在"画廊"下拉列表中选择"过滤"选项，选择"交叉淡化"转场，如图 7-69 所示。

图 7-69　选择"交叉淡化"转场

03 将其拖曳到视频轨中两个素材之间，如图 7-70 所示。

图 7-70　添加转场

04 在导览面板中单击"播放"按钮，即可预览最终效果，如图 7-71 所示。

图 7-71　预览最终效果

提示

"交叉淡化"转场还可以制作黑场和闪白的转场效果。在素材后面添加黑色或白色色彩素材，然后在素材与色彩之间添加"交叉淡化"转场，然后修改到合适区间即可。

7.3.2　相册转场

在相册转场素材库中，只有一个转场效果，即翻转转场，其是以相册翻动的形式进行转场的。

素材文件

教学资源 \ 视频 \ 第 7 章 \7.3.2 相册转场 .mp4
实例效果

01 在会声会影视频轨中添加两张素材图片，如图 7-72 所示，并分别调整到屏幕大小。

图 7-72　添加素材图片

02 单击"转场"按钮，进入"转场"素材库，在"画廊"下拉列表中选择"相册"选项，选择"翻转"转场，如图 7-73 所示。

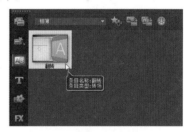

图 7-73　选择"翻转"转场

03 将其拖曳到视频轨中两个素材之间，如图 7-74 所示。

图 7-74　添加转场效果

04 展开"选项"面板，单击"自定义"按钮，如图 7-75 所示。

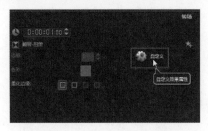

图 7-75 单击"自定义"按钮

05 弹出"翻转 - 相册"对话框，在"相册封面模板"选项组中选择第 2 个相册封面，如图 7-76 所示。

图 7-76 设置相册封面

06 切换至"背景和阴影"选项卡，选择第 4 个背景模板，如图 7-77 所示。单击"确定"按钮完成设置。

图 7-77 设置背景

07 在布局中选择第 4 种布局样式，如图 7-78 所示。

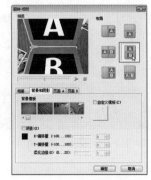

图 7-78 设置布局样式

08 在导览面板中单击"播放"按钮，预览最终效果，如图 7-79 所示。

图 7-79 预览最终效果

7.3.3 百叶窗转场

百叶窗转场是比较受大家青睐的一种转场效果，根据影片叙事的需要，将场景的画面以百叶窗展示。

🔘 素材文件

教学资源 \ 视频 \ 第 7 章 \7.3.3 百叶窗转场 .mp4 实例效果

01 在会声会影视频轨中添加两张素材图片，如图 7-80 所示，并调整到项目大小。

图 7-80 添加素材图片

02 单击"转场"按钮，在"擦拭"转场素材库中，选择"百叶窗"转场，如图 7-81 所示。

图 7-81 选择"百叶窗"转场

03 将其拖曳到视频轨中的素材之间，如图 7-82 所示。

图 7-82　添加转场效果

04 单击"播放"按钮，在预览窗口中预览应用"百叶窗"转场的效果，如图 7-83 所示。

图 7-83　预览效果

7.3.4　遮罩转场

遮罩转场可以将不同的图像或对象作为遮罩应用到转场效果中，从而显示下一个镜头。

素材文件

教学资源 \ 视频 \ 第 7 章 \7.3.4 遮罩转场 .mp4
实例效果

01 在会声会影视频轨中添加两张素材图片，如图 7-84 所示，并调整到项目大小。

图 7-84　添加素材图片

02 单击"转场"按钮，在"遮罩"转场素材库中，选择"遮罩 F"转场，如图 7-85 所示。

图 7-85　选择"遮罩 F"转场

03 将其拖曳到视频轨中的素材之间，如图 7-86 所示。

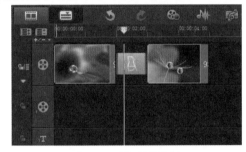

图 7-86　添加转场效果

04 单击"播放"按钮，在预览窗口中预览应用"遮罩 F"转场的效果，如图 7-87 所示。

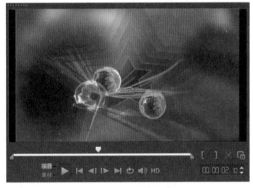

图 7-87　预览转场效果

第四篇 后期处理篇

第 8 章 字幕的添加与制作

在视频作品中，片头字幕、片中滚动字幕、片尾演员介绍等字幕都起到了画龙点睛的作用。在会声会影中不仅提供了多种预设标题效果，还能为标题设置各种属性、动画及滤镜效果。本章将介绍字幕的添加与制作方法。

8.1 添加字幕

添加字幕是影片制作的重要环节之一。在会声会影中的预设字幕可以直接使用，也可以将其添加到时间轴中对其进行再次编辑。除了预设字幕外，用户也可自行创建字幕。

8.1.1 添加预设字幕

在会声会影标题素材库中提供了 34 种预设字幕，将预设字幕直接添加到时间轴中即可。

1. 拖曳添加

与添加其他媒体文件到时间轴相同，标题素材也可以直接拖曳到时间轴中使用。

📎 素材文件

教学资源 \ 视频 \ 第 8 章 \8.1.1 添加预设字幕 .mp4
实例效果

`01` 在会声会影视频轨中，单击鼠标右键，执行"插入照片"命令，如图 8-1 所示。

图 8-1 执行"插入照片"命令

`02` 在弹出的对话框中选择素材，单击"打开"按钮，添加一张素材图片到视频轨中，如图 8-2 所示。

图 8-2 添加素材

`03` 单击"标题"按钮 T ，进入"标题"素材库，在预设标题中选择任意一个标题，如图 8-3 所示。

图 8-3 标题素材库

`04` 在预览窗口中预览预设标题的效果，如图 8-4 所示。

图 8-4 预览效果

05 拖曳预设标题到标题轨中，如图 8-5 所示。

图 8-5　拖曳到标题轨中

06 单击导览面板中的"播放"按钮，预览添加标题样式的效果，如图 8-6 所示。

图 8-6　预览添加标题样式的效果

2.右键添加

在会声会影中，标题不仅可以添加在标题轨上，也可添加在视频轨及覆叠轨中。除了将标题直接拖曳到时间轴外，还可以选择标题素材库中的预设标题，单击鼠标右键，进入"插入到"子菜单，再选择不同的轨道选项，如图 8-7 所示，即可添加到相应的轨道中。

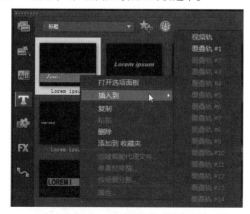

图 8-7　"插入到"子菜单

或者执行"复制"命令，如图 8-8 所示。执行操作后，光标形状如图 8-9 所示。将光标放置在时间轴中的视频轨、覆叠轨或标题轨中均可。

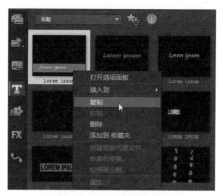

图 8-8　执行"复制"命令

图 8-9　光标形状改变

8.1.2　创建字幕

单击"标题"按钮后，在预览窗口中双击鼠标，即可添加标题。

🔘 素材文件

教学资源 \ 视频 \ 第 8 章 \8.1.2 创建字幕 .mp4
实例效果

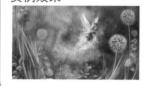 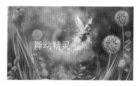

01 在会声会影视频轨中添加一张素材图片，如图 8-10 所示。

图 8-10　添加素材

02 将素材调整到项目大小，在预览窗口中预览效果，如图 8-11 所示。

图 8-11　预览效果

03　单击素材库面板中"标题"按钮 ，在预览窗口中出现默认文字，如图 8-12 所示。

图 8-12　提示字样

04　在预览窗口中双击鼠标，进入标题的输入模式，如图 8-13 所示。

图 8-13　双击鼠标

05　输入文字后，在输入框外单击鼠标，使标题进入编辑模式，拖曳字幕到合适的位置，如图 8-14 所示。

图 8-14　编辑模式

06　在预览窗口中预览添加标题的效果，如图 8-15 所示。

图 8-15　添加标题的效果

提示

创建后的字幕自动添加到时间轴中的标题轨中。

提示

当标题处于编辑模式时，在另一处单击鼠标，即可添加新的标题字幕。

8.1.3　标题转换

在会声会影中默认创建的字幕为多个标题字幕，除此之外，会声会影中还提供了单个标题的效果，两者之间可以随意切换。

素材文件

教学资源 \ 视频 \ 第 8 章 \8.1.3 标题转换 .mp4
实例效果

01　在会声会影视频轨中添加一张素材图片，如图 8-16 所示。

图 8-16　添加素材

02　将素材调整到项目大小，在预览窗口中预览效果，如图 8-17 所示。

图 8-17 预览效果

03 单击素材库面板中"标题"按钮 **T**，在预览窗口中输入字幕，如图 8-18 所示。

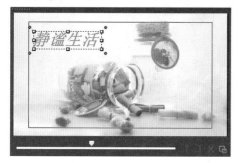

图 8-18 输入字幕

04 选择字幕，打开"选项"面板，选中"单个标题"单选按钮，如图 8-19 所示。

图 8-19 选中"单个标题"单选按钮

05 弹出提示对话框，提示是否继续操作，单击"是"按钮，如图 8-20 所示。

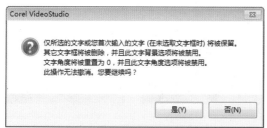

图 8-20 单击"是"按钮

06 多个标题即已经转换为单个标题，单个标题无法调整标题的位置，效果如图 8-21 所示。

图 8-21 效果

8.2 字幕样式

在会声会影中，创建的字幕以默认的设置显示，用户可以根据需要调整字幕的对齐方式、文本方向、预设标题格式等。

8.2.1 设置对齐样式

若需要创建大量段落文本字幕，则可以使用对齐样式对字幕进行对齐操作，对齐样式包括了左对齐、居中对齐和右对齐三种。

素材文件

教学资源 \ 视频 \ 第 8 章 \8.2.1 设置对齐样式 .mp4
实例效果

01 在会声会影视频轨中添加一张素材图片，如图 8-22 所示。

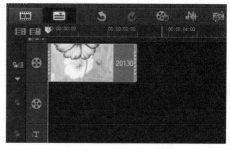

图 8-22 添加素材

02 在预览窗口中预览效果，如图 8-23 所示。

03 单击素材库面板中"标题"按钮 **T**，在预览窗口中输入字幕，如图 8-24 所示。

图 8-23　预览效果

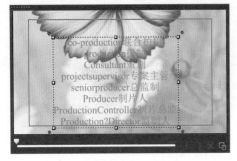

图 8-24　输入字幕

04 进入选项面板，默认的对齐样式为"居中"，如图 8-25 所示。

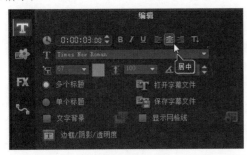

图 8-25　居中对齐

05 单击"左对齐"按钮，如图 8-26 所示。

图 8-26　单击"左对齐"按钮

06 在预览窗口中预览文字左对齐的效果，如图 8-27 所示。
07 在选项面板中单击"右对齐"按钮，如图 8-28 所示。
08 在预览窗口中预览文字右对齐的效果，如图 8-29 所示。

图 8-27　预览左对齐效果

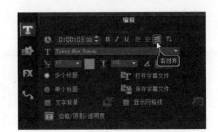

图 8-28　单击"右对齐"按钮

图 8-29　预览右对齐效果

8.2.2　更改文本显示方向

在会声会影中创建的字幕默认为水平方向显示，在选项面板中可以将方向更改为垂直。

素材文件

教学资源 \ 视频 \ 第 8 章 \8.2.2 更改文本显示方向 .mp4
实例效果

01 在会声会影视频轨中添加一张素材图片，如图 8-30 所示。
02 单击"标题"按钮，在预览窗口中输入字幕，预览效果，如图 8-31 所示。

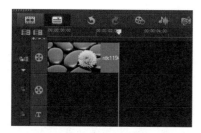

图 8-30　添加素材

图 8-31　预览效果

03 选择字幕，进入"选项"面板，单击"将方向更改为垂直"按钮，如图 8-32 所示。

图 8-32　单击"将方向更改为垂直"按钮

04 此时的字幕已经更改了显示方向，在预览窗口中调整素材的位置，效果如图 8-33 所示。

图 8-33　预览效果

 提示

再次单击"将方向更改为垂直"按钮，即可将文字恢复为水平方向显示。

8.2.3　使用预设标题格式

除了素材库中提供的预设标题外，在选项面板中还提供了 24 种预设的标题格式。

素材文件

教学资源 \ 视频 \ 第 8 章 \8.2.3 使用预设标题格式 .mp4
实例效果

01 在会声会影视频轨中添加一张素材图片，如图 8-34 所示。

图 8-34　添加素材

02 单击"标题"按钮，在预览窗口双击鼠标输入字幕，预览效果，如图 8-35 所示。

图 8-35　预览效果

03 选择时间轴中的标题，在选项面板中单击"选取标题样式预设值"按钮，如图 8-36 所示。

图 8-36　单击按钮

04 在弹出的下拉列表中选择合适的预设格式,如图 8-37 所示。

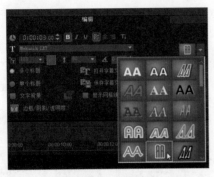

图 8-37 选择预设格式

05 在预览窗口中调整标题的位置,预览使用标题预设格式的效果,如图 8-38所示。

图 8-38 预览效果

8.3 编辑标题属性

标题的属性编辑包括了对标题的区间、字体、大小、边框、阴影及背景的设置。

8.3.1 设置字幕区间

设置标题区间的方法与设置素材区间的方法相同。

 素材文件

教学资源 \ 视频 \ 第 8 章 \8.3.1 设置字幕区间 .mp4
实例效果

1. 时间轴中设置

在时间轴中标题的长短即标题的区间,缩短或拉长标题长短即可调整标题的区间。

01 在时间轴中选中标题,此时标题呈黄色边框显示,将鼠标放置在素材边缘,如图 8-39 所示。

图 8-39 选中标题

02 单击鼠标并向右拖曳,光标附近显示区间参数,如图 8-40 所示。到合适的位置释放鼠标即可调整标题的区间。

图 8-40 拖曳区间

2. 选项面板设置

在选项面板中显示了当前标题的区间参数,对其进行修改即可。

在时间轴中选中标题,进入选项面板,在"区间"中单击鼠标,当光标呈闪烁状态时,输入区间即可,如图 8-41 所示。

图 8-41 输入区间

> **提示**
>
> 默认的标题区间参数为 3 秒,用户可以在"参数选择"对话框中进行设置。

8.3.2 字体设置

在输入字幕前可对字体进行设置,或者在添加字幕后,在选项面板中修改字体。

教学资源\视频\第 8 章\8.3.2 字体设置 .mp4
实例效果

01 启动会声会影，在视频轨中添加一张素材图片，如图
8-42 所示。

图 8-42　添加素材

02 单击标题按钮，在预览窗口中双击鼠标，进入输入状
态，如图 8-43 所示。

图 8-43　双击鼠标

03 输入字幕，在选项面板的字体 T 中单击鼠标，在弹
出的下拉列表中选择字体，如图 8-44 所示。

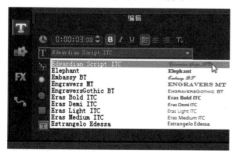

图 8-44　选择字体

04 修改字体后，在预览窗口中调整字幕的位置，最终效
果如图 8-45 所示。

图 8-45　最终效果

8.3.3 文字大小

在会声会影中输入字幕后，可以对文字的大小进行
调整，以适应整体画面。

素材文件

教学资源\视频\第 8 章\8.3.3 文字大小 .mp4
实例效果

01 启动会声会影，在视频轨中添加一张素材图片，如图
8-46 所示。

图 8-46　添加素材

02 单击标题按钮，在预览窗口中双击鼠标，输入字幕，
如图 8-47 所示。

图 8-47　输入字幕

03 在预览窗口中将鼠标放置在文字四周的黄色节点上，拖曳鼠标即可调整文字的大小，如图 8-48 所示。

图 8-48　调整文字大小

04 在选项面板中，在文字大小 文本框中直接输入数值，或单击小三角按钮，在弹出的下拉列表中选择文字大小，如图 8-49 所示。

图 8-49　选择文字大小

05 在预览窗口中预览调整文字大小的效果。

8.3.4　文字颜色

为文字修改颜色能使字幕与视频更加和谐统一。

素材文件

教学资源 \ 视频 \ 第 8 章 \8.3.4 文字颜色 .mp4
实例效果

01 启动会声会影，在视频轨中添加一张素材图片，如图 8-50 所示。

图 8-50　添加素材

02 调整素材的大小。单击标题按钮，在预览窗口中双击鼠标，输入字幕，如图 8-51 所示。

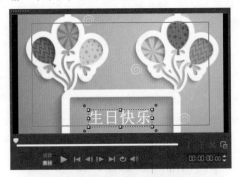

图 8-51　输入字幕

03 选择文字，在选项面板中单击色彩的色块，如图 8-52 所示。

图 8-52　单击色块

04 在弹出的列表中选择相应的颜色，如图 8-53 所示。

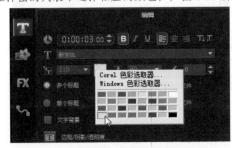

图 8-53　选择颜色

05 在预览窗口中预览修改文字颜色后的效果，如图 8-54 所示。

图 8-54　预览效果

8.3.5　旋转角度

旋转文字的角度除了可以在选项面板中设置外，还可以直接在预览窗口中进行调整。

素材文件

教学资源\视频\第 8 章\8.3.5 旋转角度 .mp4
实例效果

01 启动会声会影，在视频轨中添加一张素材图片，如图 8-55 所示。

图 8-55　添加素材

02 单击标题按钮，在预览窗口中双击鼠标，输入字幕，如图 8-56 所示。

图 8-56　输入字幕

03 在预览窗口中将鼠标放置在文字编辑框外的红色节点上，此时的光标显示状态如图 8-57 所示。

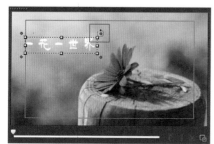

图 8-57　放置红色节点

04 单击鼠标并拖曳即可旋转角度，如图 8-58 所示。

图 8-58　选旋转角度

05 或者在选项面板的"按角度旋转" 文本框中输入数值，如图 8-59 所示。

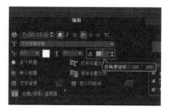

图 8-59　输入角度

06 调整角度后，在预览窗口中预览最终效果，如图 8-60 所示。

图 8-60　预览效果

8.3.6　字幕边框

为标题添加边框，能突出标题内容。在"边框/阴影/透明度"对话框中可以对文字的边框大小、边框颜色、透明度等参数进行设置。

1.　为文字添加边框

素材文件

教学资源\视频\第 8 章\8.3.6 字幕边框 .mp4
实例效果

01 启动会声会影，在视频轨中添加素材图片，如图 8-61 所示。

图 8-61　在视频轨中插入素材

02 单击"标题"按钮，在预览窗口中双击鼠标，输入字幕，并调整大小与位置，如图 8-62 所示。

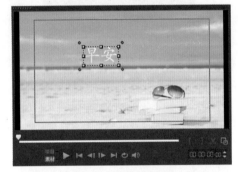

图 8-62　输入字幕内容

03 进入"编辑"选项卡，单击"边框/阴影/透明度"按钮 T，如图 8-63 所示。

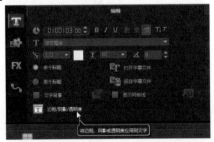

图 8-63　单击"边框/阴影/透明度"按钮

04 弹出"边框/阴影/透明度"对话框，如图 8-64 所示。

图 8-64　"边框/阴影/透明度"对话框

05 选中"外部边界"复选框，设置边框宽度为 3.0，在线条色彩后单击色块，选择颜色，如图 8-65 所示。

06 在预览窗口中预览外部边界的效果，如图 8-66 所示。

图 8-65　设置外部边界参数

图 8-66　外部边界效果

2.　"边框"选项卡详解

下面对"边框/阴影/透明度"对话框中"边框"选项卡中的参数进行详细介绍。

● 透明文字

勾选"透明文字"复选框，设置边框宽度及颜色后，文字则以镂空状态显示，如图 8-67 所示。

图 8-67　设置透明文字

● 外部边界

为文字添加边框，勾选该复选框后，对应调整边框宽度及边框色彩，则显示边框的效果，如图 8-68 所示。

图 8-68　设置外部边界

● 边框宽度

在文本框中直接输入边框的数值，或者单击上下两个三角按钮调整边框的宽度。

● 线条色彩

单击线条色彩后的色块，在弹出的下拉列表中可以直接选择颜色，如图 8-69 所示。或单击色彩选取器选项，在弹出的对话框中可以自定义需要的颜色。单击"Windows 色彩选取器"选项后，弹出"颜色"对话框，单击"规定自定义颜色"按钮后即可在拾色器中选择不同的颜色，如图 8-70 所示。

图 8-69　选择颜色

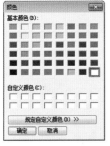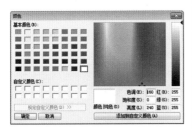

图 8-70　通过"颜色"对话框选取颜色

● 文字透明度

在"文字透明度"文本框中输入的数值越大，透明度越低，数值范围为 0 ~ 99。如图 8-71 所示为修改文字透明度后的效果。

图 8-71　修改文字透明度

● 柔化边缘

设置柔化边缘后文字的边缘出现柔化效果，如图 8-72 所示。

图 8-72　设置柔化边缘

8.3.7　文字背景

在会声会影中可以为文字添加背景，制作如滚动字幕的效果。本节将介绍文字背景的使用方法。

1. 应用文字背景

下面以实例的形式讲解如何应用文字背景。

素材文件

教学资源 \ 视频 \ 第 8 章 \8.3.7 文字背景 .mp4
实例效果

01 在视频轨中添加视频素材，如图 8-73 所示。

图 8-73　添加视频素材

02 单击"标题"按钮，在预览窗口中双击鼠标，输入字幕内容，如图 8-74 所示。

图 8-74　输入字幕内容

03 进入选项面板，单击"将方向更改为垂直"按钮，选中"文字背景"复选框，如图 8-75 所示。

图 8-75　选中"文字背景"复选框

04 单击"自定义文字背景的属性"按钮，如图 8-76 所示。

图 8-76　单击相应按钮

05 在弹出的对话框中单击"与文本相符"单选按钮，在"类型"下拉列表中选择"椭圆"选项，如图 8-77 所示。

图 8-77　选择"椭圆"选项

06 选中"填满"单选按钮，设置颜色为红色，"透明度"参数为 20，如图 8-78 所示。

图 8-78　单击"确定"按钮

07 单击"确定"按钮完成设置，在预览窗口中调整标题的大小及位置，最终效果如图 8-79 所示。

图 8-79　最终效果

2. 文字背景参数详解

下面对"文字背景"对话框中的参数进行介绍。

➤ 单色背景栏：将背景调整到背景栏大小。

➤ 与文本相符：将文字背景设置为文本大小，包括

椭圆、矩形、曲边矩形、圆角矩形。

➤ 放大：设置与文本相符后，阴影的放大程度决定了显示阴影的大小。

➤ 单色：设置阴影的颜色，单击色块，可以选择一种单色阴影。

➤ 渐变：设置阴影为渐变色，选择两种颜色的渐变效果，单击 ↓ 或 → 按钮选择渐变为上下渐变或左右渐变效果。

➤ 透明度：设置文字背景的不透明度。

8.3.8　字幕阴影

标题阴影是指对标题设置阴影效果。在会声会影中，共有 4 种标题阴影效果。下面将介绍标题阴影的添加方法。

1. 应用文字阴影

素材文件

教学资源 \ 视频 \ 第 8 章 \8.3.8 字幕阴影 .mp4
实例效果

01 在会声会影视频轨中添加一张素材图片，如图 8-80 所示。

图 8-80　添加素材

02 单击"标题"按钮，在预览窗口中双击鼠标，输入字幕，如图 8-81 所示。

图 8-81　输入字幕

03 在选项面板中单击"边框 / 阴影 / 透明度"按钮，如图 8-82 所示。

图 8-82　单击"边框 / 阴影 / 透明度"按钮

04 弹出"边框 / 阴影 / 透明度"对话框，切换至"阴影"选项卡，单击"下垂阴影"按钮，并设置参数与颜色，如图 8-83 所示。

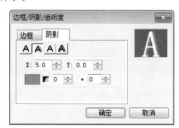

图 8-83　设置"下垂阴影"

05 单击"确定"按钮完成设置，在预览窗口中预览添加阴影后的效果，如图 8-84 所示。

图 8-84　预览效果

06 同样，也可以在"边框 / 阴影 / 透明度"对话框中选择其他阴影，并设置参数与颜色，如图 8-85 所示。

图 8-85　凸起阴影

07 在预览窗口中预览设置"凸起阴影"的效果如图 8-86 所示。

图 8-86　预览效果

2. 阴影参数详解

下面对阴影内各参数进行一一介绍。

➤ **无阴影**：默认选项，文字没有添加任何阴影。
➤ **下垂阴影**：单击该按钮后，为文字添加下垂阴影。
➤ **光晕阴影**：单击该按钮后，在文字的周围添加光晕效果。
➤ **凸起阴影**：单击该按钮后，为文字添加凸起阴影。
➤ **强度**：用于设置阴影的强度。
➤ **X/Y**：用于设置阴影的水平与垂直偏移量。
➤ **阴影色彩**：单击色块，在弹出的列表中选择阴影的颜色。
➤ **阴影透明度**：设置阴影的透明度。
➤ **阴影柔化边缘**：设置阴影边缘的柔化效果。

8.3.9　网格线

在会声会影预览窗口中显示网格线后，可设置文字自动贴近网格，或对文字位置进行精准的调整。

1. 显示网格线

下面介绍如果在预览窗口中显示网格线。

素材文件

教学资源 \ 视频 \ 第 8 章 \8.3.9 网格线 .mp4
实例效果

01 启动会声会影，在视频轨添加素材图片，如图 8-87 所示。

02 单击"标题"按钮，在预览窗口中双击鼠标，输入字幕，如图 8-88 所示。

图 8-87　添加素材

图 8-88　输入字幕

03 选择标题，在选项面板中设置文字参数，单击"边框/阴影/透明度"按钮，如图 8-89 所示。

图 8-89　单击"边框/阴影/透明度"按钮

04 弹出对话框，切换至"阴影"选项卡，单击"光晕阴影"按钮，设置"强度"为 13，如图 8-90 所示。

图 8-90　设置"光晕阴影"

05 单击"确定"按钮完成设置。选中"显示网格线"复选框，如图 8-91 所示。

图 8-91　选中"显示网格线"复选框

06 在预览窗口中即显示了蓝色的网格线，如图 8-92 所示。

图 8-92　显示网格

07 在选项面板中单击"网格线选项"按钮，如图 8-93 所示。

图 8-93　单击"网格线选项"按钮

08 在"网格线选项"对话框中设置参数，如图 8-94 所示，单击"确定"按钮完成设置。

图 8-94　设置参数

09 在预览窗口中根据网格调整位置，如图 8-95 所示。

图 8-95　调整位置

10 在选项面板中取消显示网格线，预览最终效果，如图 8-96 所示。

图 8-96 最终效果

2. 网格线选项参数介绍

➤ 网格大小：通过拖曳滑块调整网格的大小，向右拖曳时网格变大。

➤ 靠近网格：选中该复选框后，在预览窗口中拖曳文字时会自动靠近网格。

➤ 线条类型：设置线条的类型，包括了填满、虚线、点、虚线 - 点、虚线 - 点 - 点 5 个选项。

➤ 线条色彩：设置网格线的颜色。

8.3.10 文字对齐

在选项面板中通过对齐选项组中的按钮可以对文字进行对齐操作。

素材文件

教学资源 \ 视频 \ 第 8 章 \8.3.10 文字对齐 .mp4
实例效果

01 在会声会影视频轨中添加素材图片，如图 8-97 所示。

图 8-97 添加素材

02 单击标题按钮，在预览窗口中输入字幕，如图 8-98 所示。

图 8-98 输入字幕

03 选择字幕，在选项面板中单击"对齐"选项组中的"对齐到左边中央"按钮，如图 8-99 所示。

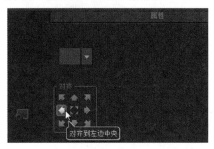

图 8-99 单击按钮

04 在预览窗口中文字自动对齐到屏幕左侧中央，如图 8-100 所示。

图 8-100 自动对齐

8.4 动态字幕效果

在会声会影中，除了可对标题各种属性进行设置外，还可以设置标题动画效果。在会声会影中，标题动画包括"淡化""弹出""翻转""飞行""缩放""下降"和"摇摆"8 种类型。

8.4.1 淡化效果

"淡化"是标题以淡入淡出的动画效果来显示的，本节将介绍标题"淡化"的添加方法。

教学资源 \ 视频 \ 第 8 章 \8.4.1 淡化效果 .mp4

实例效果

01 在会声会影视频轨中添加素材图片，如图 8-101 所示。

图 8-101　在视频轨中插入素材

02 单击"标题"按钮，在预览窗口中双击鼠标输入字幕，如图 8-102 所示。

图 8-102　输入字幕内容

03 进入"编辑"选项卡，设置字体、字体大小、字体颜色，单击"边框 / 阴影 / 透明度"按钮，如图 8-103 所示。

图 8-103　单击"边框 / 阴影 / 透明度"按钮

04 在弹出的对话框中，选中"外部边界"复选框，设置边框宽度为 2，颜色为白色，如图 8-104 所示。

05 单击"确定"按钮。切换至"属性"选项卡，选中"应用"复选框，如图 8-105 所示。

06 在"淡化"类型中选择第 2 个动画预设效果，如图 8-106 所示。

图 8-104　设置参数

图 8-105　选中"应用"复选框

图 8-106　选择第 2 个动画预设效果

提示

单击"自定义动画属性"按钮 **T**，可以对动画的淡化样式和动画暂停区间进行设置。

07 在导览面板中单击"播放"按钮，查看应用淡化的标题动画效果，如图 8-107 所示。

图 8-107　应用"淡化"的标题动画效果

8.4.2 弹出效果

"弹出"是标题以弹出的方式呈现，可以设置不同的弹出方向、字符或段落弹出的效果。共有 8 种预设动画效果，下面将以其中一种动画效果来介绍标题"弹出"的应用方法。

素材文件

教学资源 \ 视频 \ 第 8 章 \8.4.2 弹出效果 .mp4
实例效果

01 在会声会影视频轨中添加一张素材图片，如图 8-108 所示。

图 8-108　在视频轨中插入素材

02 单击"标题"按钮，在预览窗口中双击鼠标输入字幕，如图 8-109 所示。

图 8-109　输入字幕内容

03 选择标题，进入选项面板，切换至"属性"选项卡，选中"应用"复选框，在"选取动画类型"下拉列表中选择"弹出"选项，如图 8-110 所示。

图 8-110　选择"弹出"选项

04 在弹出的动画类型中选择第 2 个预设效果，如图 8-111 所示。

图 8-111　选择第 2 个预设效果

05 单击导览面板中的"播放"按钮，在预览窗口中预览应用弹出标题动画的效果，如图 8-112 所示。

图 8-112　预览动画效果

8.4.3 翻转效果

"翻转"效果是标题翻转回旋运动的效果，共有 8 种预设动画效果，下面将以其中一种动画效果来介绍标题"翻转"的应用方法。

素材文件

教学资源 \ 视频 \ 第 8 章 \8.4.3 翻转效果 .mp4
实例效果

01 在会声会影视频轨中添加一张素材图片，如图 8-113 所示。

图 8-113　添加素材

02 单击"标题"按钮，在预览窗口中双击鼠标输入字幕，如图 8-114 所示。

图 8-114　输入字幕

03 进入选项面板，切换至"属性"选项卡，选中"应用"复选框，如图 8-115 所示。

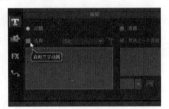

图 8-115　选中"应用"复选框

04 在"选取动画类型"的下拉列表中选择"翻转"选项，如图 8-116 所示。

图 8-116　选择"翻转"选项

05 默认选择第 1 个动画预设效果，如图 8-117 所示。

图 8-117　选中预设效果

06 在导览面板中调整暂停区间，如图 8-118 所示。

图 8-118　调整暂停区间

07 单击导览面板中的"播放"按钮，预览应用翻转的标题动画效果，如图 8-119 所示。

图 8-119　预览效果

8.4.4　缩放效果

"缩放"是标题以小变大，或以大变小的形式呈现出的动画效果。共有 8 种预设动画效果，下面将以其中一种动画效果来介绍标题"缩放"的应用方法。

素材文件

教学资源 \ 视频 \ 第 8 章 \8.4.4 缩放效果 .mp4
实例效果

01 在会声会影视频轨中添加一张素材图片，如图 8-120 所示。

图 8-120　添加素材

02 单击"标题"按钮,在预览窗口中双击鼠标输入字幕,如图 8-121 所示。

图 8-121 输入字幕

03 选择标题,进行选项面板,切换至"属性"选项卡,选中"应用"复选框,在"选取动画类型"下拉列表中选择"缩放"选项,如图 8-122 所示。

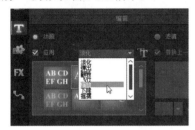

图 8-122 选择"缩放"类型

04 在缩放动画类型中选择第 2 个预设效果,如图 8-123 所示。

图 8-123 选择预设效果

05 在导览面板中单击"播放"按钮,预览应用缩放标题动画的效果,如图 8-124 所示。

图 8-124 预览效果

8.4.5 下降效果

"下降"是标题以下降的方式呈现的动画效果。在下降类别中提供了 5 种预设效果。下面将以其中一种动画效果来介绍标题"下降"的应用方法。

素材文件

教学资源 \ 视频 \ 第 8 章 \8.4.5 下降效果 .mp4
实例效果

01 在会声会影视频轨中添加一张素材图片,如图 8-125 所示。

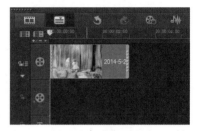

图 8-125 添加素材

02 单击"标题"按钮,在预览窗口中双击鼠标,输入字幕,如图 8-126 所示。

图 8-126 输入字幕

03 在选项面板中设置文字参数,如图 8-127 所示。

图 8-127 设置文字参数

04 切换至"属性"选项卡，选中"应用"复选框，在"选取动画类型"下拉列表中选择"下降"选项，如图 8-128 所示。

图 8-128 选择"下降"选项

05 在缩放动画类型中选择第 2 个预设效果，如图 8-129 所示。

图 8-129 选择预设效果

06 在导览面板中单击"播放"按钮，预览应用缩放标题动画的效果，如图 8-130 所示。

图 8-130 预览效果

8.4.6 移动路径效果

"移动路径"是标题以指定的路径进行移动，共有 26 种预设动画效果，下面将以其中一种动画效果来介绍标题"移动路径"的应用方法。

素材文件

教学资源 \ 视频 \ 第 8 章 \8.4.6 移动路径效果 .mp4
实例效果

01 在会声会影视频轨中添加一张素材图片，如图 8-131 所示。

图 8-131 添加素材

02 单击"标题"按钮，在预览窗口中双击鼠标，输入字幕，如图 8-132 所示。

图 8-132 输入字幕

03 进入选项面板，设置字体、字体大小及字体颜色，如图 8-133 所示。

图 8-133 设置字体参数

04 切换至"属性"选项卡，选中"应用"复选框，如图 8-134 所示。

05 在"选取动画类型"的下拉列表中选择"移动路径"选项，如图 8-135 所示。

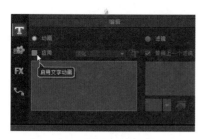

图 8-134 选中"应用"复选框

图 8-135 选择"移动路径"选项

06 在"移动路径"动画中选择第 11 种动画预设效果，如图 8-136 所示。

图 8-136 选择第 11 种动画预设效果

07 单击导览面板中的"播放"按钮，预览应用移动路径的标题动画效果，如图 8-137 所示。

图 8-137 预览效果

8.4.7 自定义动画属性

在为标题添加动画效果后，除了使用不同类型下的预设效果外，还可以设置自定义的动画效果。下面将介绍自定义动画的操作方法。

素材文件

教学资源\视频\第 8 章\8.4.7 自定义动画属性 .mp4
实例效果

01 在会声会影视频轨中添加一张素材图片，如图 8-138 所示。

图 8-138 添加素材

02 单击"标题"按钮，在预览窗口中双击鼠标，输入字幕，如图 8-139 所示。

图 8-139 输入字幕

03 进入选项面板，设置字体、字体大小及字体颜色，如图 8-140 所示。

图 8-140 设置字体参数

04 切换至"属性"选项卡，选中"应用"复选框，如图 8-141 所示。

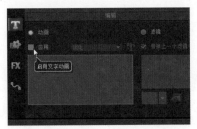

图 8-141 选中"应用"复选框

05 选择"淡化"类别的第一个动画，然后单击"自定动画属性"按钮，如图 8-142 所示。

图 8-142 单击"自定动画属性"按钮

06 弹出对话框，选中"淡出"单选按钮，如图 8-143 所示。单击"确定"按钮完成设置。

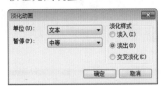

图 8-143 选中"淡出"单选按钮

07 采用同样的方法调整其他文字的动画属性。

08 单击导览面板中的"播放"按钮，预览自定动画属性的效果，如图 8-144 所示。

图 8-144 预览效果

8.5 字幕编辑器

会声会影视频编辑器可以根据影片中的音频来检测需要添加字幕的片段，自动添加空白字幕，使字幕与音频同步统一，从而大大提高制作字幕的工作效率。

8.5.1 认识字幕编辑器

在时间轴中选中一段视频或音频，单击时间轴上方的"字幕编辑器"按钮 ，即可打开"字幕编辑器"对话框，如图 8-145 所示。

图 8-145 "字幕编辑器"对话框

下面对字幕编辑器中的各参数进行简单介绍。

➤ 录音质量：可以设置语音检测中的声音质量，包括"普通（较多背景杂音）""良好（较少背景杂音）""最佳（无背景杂音）"三个选项。

➤ 敏感度：设置语音检测的敏感度。

➤ 扫描：单击该按钮，开始扫描语音，并根据语音自动生成相应的字幕。

➤ 播放选的字幕部分 ：选择一段字幕后，单击该按钮，则在左侧预览窗口中自动播放字幕所在区间的画面。

➤ 添加新字幕 ：单击该按钮，可以在字幕组中新增一条字幕。

➤ 删除选择的字幕 ：选择字幕后，单击该按钮则可删除选中的字幕。

➤ 合并字幕 ：选择多条字幕后，单击该按钮，则可将字幕的区间进行合并。

➤ 时间偏移 ：单击该按钮，弹出如图 8-146 所示的对话框，可对字幕的时间进行调整。

图 8-146 "时间偏移"对话框

➤ 导入字幕文件 ：可将外部的字幕文件导入到字
幕组中。字幕的格式包括 utf、srt、lrc 三类。

➤ 导出字幕文件：将字幕组中已有的字幕输出到
计算机中。

➤ 文本选项：单击该按钮，打开"文本选项"对
话框，如图 8-147 所示，可对字幕的字体、大小、
颜色等参数进行设置。

图 8-147　"文本选项"对话框

8.5.2　使用字幕编辑器

下面以实例的形式介绍字幕编辑的使用方法。

 素材文件

教学资源 \ 视频 \ 第 8 章 \8.5.2 使用字幕编辑器 .mp4
实例效果

01 在会声会影视频轨中添加一段视频素材，如图 8-148
所示。

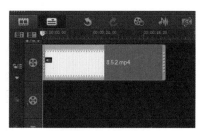

图 8-148　添加素材

02 单击时间轴上方的"字幕编辑器"按钮，如图 8-149
所示。

03 打开对话框，单击"扫描"按钮，如图 8-150 所示。

图 8-149　单击"字幕编辑器"按钮

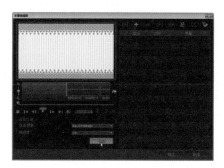

图 8-150　单击"扫描"按钮

04 弹出对话框，开始对语音进行检测，如图 8-151 所示。

图 8-151　检测语音

05 检测完成后，在右侧的字幕组中新增了多条字幕，如
图 8-152 所示。

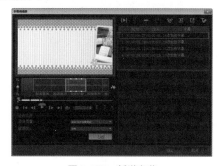

图 8-152　新增字幕

06 在字幕列表中双击鼠标，如图 8-153 所示，即可输入
字幕。

图 8-153　双击鼠标

155

07 输入字幕后，在文本框外单击鼠标即可完成字幕的添加。采用同样的方法输入其他字幕，如图 8-154 所示。

图 8-154　输入其他字幕

08 在对话框左侧的预览窗口中可以预览添加字幕后的效果，如图 8-155 所示。

图 8-155　预览字幕效果

09 单击"文字选项"按钮，如图 8-156 所示。

图 8-156　单击"文字选项"按钮

10 弹出"文字选项"对话框，可对文字参数进行设置，如图 8-157 所示。

图 8-157　"文字选项"对话框

11 单击"确定"按钮关闭对话框。再次预览效果，效果满意后单击"确定"按钮完成设置，如图 8-158 所示。

图 8-158　单击"确定"按钮

12 在时间轴的标题轨中新增了多个字幕，如图 8-159 所示。

图 8-159　时间轴

13 在预览窗口中可对文字进行二次编辑，包括角度、位置等，如图 8-160 所示。

图 8-160　编辑文字

14 在导览面板中单击"播放"按钮，预览最终效果，如图 8-161 所示。

图 8-161　预览效果

8.6　字幕滤镜的使用

在前面的章节已经提到了标题滤镜的应用，标题滤镜同视频滤镜一样，能为标题添加特效，在本节将具体介绍标题滤镜的应用方法。

素材文件

教学资源 \ 视频 \ 第 8 章 \8.6 字幕滤镜的使用 .mp4
实例效果

01　在会声会影视频轨中添加图片素材，如图 8-162 所示。

图 8-162　添加素材

02　单击"标题"按钮，在预览窗口中双击鼠标，输入字幕，如图 8-163 所示。

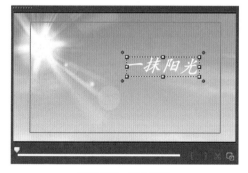

图 8-163　输入字幕

03　单击"滤镜"按钮，进入"滤镜"素材库，在"画廊"的下拉列表中选择"标题效果"选项，如图 8-164 所示。

图 8-164　选择"标题效果"选项

04　选择"水流"滤镜，如图 8-165 所示。将其拖曳到时间轴中的标题上。

图 8-165　选择"水流"滤镜

05　在导览面板中单击"播放"按钮，预览添加标题滤镜的效果，如图 8-166 所示。

图 8-166　预览添加标题滤镜的效果

第 9 章 音频的添加与编辑

声音是一部影片中的灵魂，是不可或缺的元素。优美动听的背景音乐和配音可以对影片起到锦上添花的作用。所以，对于一部好的影片来说，音频的处理至关重要。在本章中将具体介绍音频的添加与编辑方法。

9.1 音频的基本操作

音乐在视频后期制作中的作用不可忽视，将音乐与视频的高低起伏相融合，能使整个影片更具观赏性和视听性。本节将介绍包括添加音频、添加自动音乐、删除音频、录制画外音、分割音频、影音分离等基本操作。

9.1.1 添加音频

在视频后期编辑过程中，添加音频是不可缺少的步骤。在会声会影中可以直接添加素材库中的音频，也可添加计算机中的音频。

📀 **素材文件**

教学资源 \ 视频 \ 第 9 章 \9.1.1 添加音频 .mp4
实例效果

01 在会声会影视频轨中添加视频素材，如图 9-1 所示。

图 9-1　添加视频素材

02 在"媒体"素材库中，单击"隐藏视频"和"隐藏照片"按钮，显示音频素材，如图 9-2 所示。

图 9-2　显示音频素材

03 在"音频"列表中，选择任意音频文件，将音频拖曳到声音轨中并调整区间，如图 9-3 所示。

图 9-3　添加音频并调整区间

04 单击导览面板中的"播放"按钮，试听音频效果，如图 9-4 所示。

图 9-4　试听添加的音频

图 9-7　选择音乐

04 单击"播放选定歌曲"按钮 ，试听音乐效果，如图 9-8 所示。

图 9-8　单击"播放选定歌曲"按钮

05 单击"停止"按钮，停止音乐的播放，如图 9-9 所示。

图 9-9　单击"停止"按钮

06 采用同样的方法试听其他音乐，选择合适的音乐后，单击"添加到时间轴"按钮，如图 9-10 所示。

图 9-10　单击"添加到时间轴"按钮

07 在时间轴中查看添加的自动音乐，如图 9-11 所示。

图 9-11　查看添加的自动音乐

提示

在会声会影中，执行"文件"|"将媒体文件插入到时间轴"|"插入音频"|"到声音轨"命令，可将音频插入到声音轨中。

9.1.2　添加自动音乐

在会声会影中，自动音乐实际上就是一个预设的音乐库，我们可以在其中选择不同类型的音乐，然后根据影片的内容编辑音乐的风格或节拍。

1. 添加自动音乐

素材文件

教学资源 \ 视频 \ 第 9 章 \9.1.2 添加自动音乐 .mp4
实例效果

01 在会声会影视频轨中添加一段视频素材，如图 9-5 所示。

图 9-5　添加视频素材

02 单击时间轴上方的"自动音乐"按钮，如图 9-6 所示。

图 9-6　单击"自动音乐"按钮

03 展开"自动音乐"选项面板，在"类型"列表中选择一个选项，然后在"歌曲"列表中选择一个选项，最后在"版本"列表中选择一个选项，如图 9-7 所示。

08 单击到面板中的"播放"按钮，在预览窗口中播放视频，试听添加自动音频的效果，如图 9-12 所示。

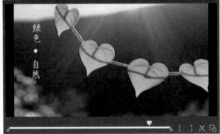

图 9-12 试听添加自动音频的效果

2. 自动音乐面板参数介绍

如图 9–13 所示为自动音乐面板，下面对该面板中的各参数进行简单介绍。

图 9-13 自动音乐面板

> 类别：包括不同类别的音乐。
> 歌曲：包含一个类别的不同歌曲。
> 版本：包括一个歌曲的不同版本。
> 变化：选择不同音乐的变化选项。
> 播放所选的音乐：选中音乐后，单击该按钮则对音乐进行播放。
> 添加到时间轴：单击该按钮则可将选中的音乐添加到时间轴中。
> 自动修整：选中该复选框后，系统自动修整音频使其与影片区间长度一致。

9.1.3 删除音频

将项目中的音频删除，可以在再次编辑时，为其添加其他的音频素材。

素材文件

教学资源 \ 视频 \ 第 9 章 \9.1.3 删除音频 .mp4
实例效果

01 启动会声会影，执行"文件"|"打开项目"命令，打开项目文件，如图 9-14 所示。

图 9-14 打开项目文件

02 选中时间轴的音频素材，单击鼠标右键，执行"删除"命令，如图 9-15 所示。

图 9-15 执行"删除"命令

提示

选择时间轴的音频素材，按 Delete 键即可将其删除。

03 单击导览面板中的"播放"按钮，在预览窗口播放视频，预览删除音频的效果，如图 9-16 所示。

图 9-16 预览删除音频的效果

9.1.4　录制画外音

在会声会影中，将麦克风正确连接计算机后，可以用麦克风录制语音文件并应用到影片中。

素材文件

教学资源 \ 视频 \ 第 9 章 \9.1.4 录制画外音 .mp4
实例效果

01 在会声会影视频轨中添加视频素材，如图 9-17 所示。

图 9-17　添加视频素材

02 单击时间轴上方的"录制/捕获选项"按钮 📽，如图 9-18 所示。

图 9-18　单击"录制/捕获选项"按钮

03 弹出"录制/捕获选项"对话框，单击"画外音"按钮 🎙，如图 9-19 所示。

图 9-19　单击"画外音"按钮

04 弹出"调整音量"对话框，对着麦克风讲话测试语音输入设备，检测仪表工作是否正常，如图 9-20 所示。

图 9-20　"调整音量"对话框

提示

也可以单击"录制"按钮录制 5 秒音频进行测试。

05 单击"开始"按钮通过麦克风录制语音，如图 9-21 所示。

图 9-21　单击"开始"按钮

06 按 Esc 键结束录音。录制结束后，语音素材会被插入到项目时间轴的语音轨中，如图 9-22 所示。

图 9-22　插入语音素材

提示

在录制的过程中时间轴的滑块开始移动，按键盘上的任意键可以停止画外音的录制。

07 单击导览面板中的"播放"按钮，在预览窗口中播放视频，试听添加画外音的效果，如图 9-23 所示。

图 9-23　试听添加画外音的效果

9.1.5　分割音频

若只需要一段音频中的某些片段，则可以使用分割音频功能，将音频分割成多段，并选取需要的部分或删除不需要的部分。

素材文件

教学资源 \ 视频 \ 第 9 章 \9.1.5 分割音频 .mp4

01 启动会声会影，在素材库中选择一段音频素材，将其添加到音乐轨中，如图 9-24 所示。

图 9-24　添加音频素材

02 选择时间轴中的音频文件，移动时间滑块到需要分割的音频位置，单击鼠标右键，执行"分割素材"命令，如图 9-25 所示。

图 9-25　执行"分割素材"命令

03 按照以上方法，可根据需要将整段音频素材随意分割成几部分，如图 9-26 所示。

图 9-26　分割后的音频

提示

在项目时间轴中，移动滑轨到想要分割音频素材的位置，单击导览面板中的"按照滑轨位置分割素材"按钮 ，也可以分割音频素材。

9.1.6　影音分离

影音分离是指将视频中原有的音频分离出来，生成单独的视频和音频文件。

素材文件

教学资源 \ 视频 \ 第 9 章 \9.1.6 影音分离 .mp4
实例效果

01 在会声会影的视频轨中添加视频素材，如图 9-27 所示。

图 9-27　添加视频素材

02 选中视频素材，展开选项面板，单击"分割音频"按钮 ，如图 9-28 所示。

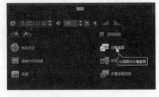

图 9-28　单击"分割音频"按钮

03 在时间轴中查看分离出来的音频文件，如图 9-29 所示。

图 9-29　查看分离出来的音频文件

04 选中音频文件，单击鼠标右键，执行"删除"命令，删除音频素材，如图 9-30 所示。

图 9-30　执行"删除"命令

05 在预览窗口播放视频，查看音频分离删除后的效果，如图 9-31 所示。

图 9-31　查看音频分离删除后的效果

9.2　调整音频

添加音频后还可对音频进行编辑调整，包括设置音频的淡入淡出效果、音量的调节、对音量进行重置及调节音频的左右声道。

9.2.1　设置淡入淡出

设置音频的淡入与淡出能使多段音频的衔接更自然。

素材文件

教学资源 \ 视频 \ 第 9 章 \9.2.1 设置淡入淡出 .mp4
实例效果

01 启动会声会影，在视频轨中添加视频素材，如图 9-32 所示。

图 9-32　添加视频素材

02 在声音轨及音乐轨中分别添加音频素材，并调整各自的位置，如图 9-33 所示。

图 9-33　添加音频并调整位置

03 选择声音轨中的音频，进入选项面板，单击"淡出"按钮，如图 9-34 所示。

图 9-34 单击"淡出"按钮

04 选择音乐轨中的音频，单击鼠标右键，执行"淡入"命令，如图 9-35 所示。

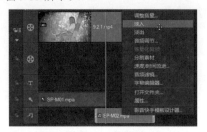

图 9-35 执行"淡入"命令

05 单击导览面板中的"播放"按钮，试听音频淡出淡出的效果，如图 9-36 所示。

图 9-36 试听音频淡出淡出的效果

 提示

需要取消音频的淡入淡出效果，则只需在选项面板中再次单击"淡入"或"淡出"按钮即可。

9.2.2 调节音量

在会声会影中选择带有音乐的视频或选择单独的音频文件，在选项面板中可以将音频的音量调大或调小，以达到完美的视听效果。

素材文件

教学资源 \ 视频 \ 第 9 章 \9.2.2 调节音量 .mp4
实例效果

1．选项面板调节

01 启动会声会影，在视频轨中添加视频素材，如图 9-37 所示。

图 9-37 添加视频素材

02 展开选项面板，单击"素材声音"右侧的三角按钮，如图 9-38 所示。

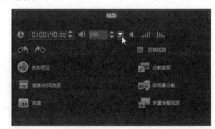

图 9-38 单击三角按钮

03 在弹出的音量调节器中拖曳滑块到 50 处，如图 9-39 所示。

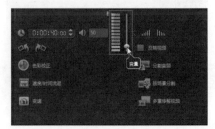

图 9-39 拖曳滑块到 50 处

04 或者直接在素材音量后的文本框中输入音量值，如图 9-40 所示。

图 9-40 输入音量值

05 单击导览面板中的"播放"按钮，试听调节音量后的效果，如图 9-41 所示。

图 9-41 试听调节音量后的效果

2．鼠标右键调节

选择时间轴中的视频素材，单击鼠标右键，执行"调整音量"命令，如图 9-42 所示。在弹出的对话框中设置相应的音量值，单击"确定"按钮即可，如图 9-43 所示。

图 9-42 执行"调整音量"命令

图 9-43 单击"确定"按钮

9.2.3 使用音量调节线

音量调节线即轨中央的水平线条，使用调节线可以添加关键帧，关键帧的高低决定该处音量的大小。使用音量调节线调节音量，可以根据视频情节的高低起伏，制作出相应的音乐效果。

📁 素材文件

教学资源 \ 视频 \ 第 9 章 \9.2.3 使用音量调节线 .mp4
实例效果

01 启动会声会影，执行"文件"|"打开项目"命令，打开项目文件，如图 9-44 所示。

图 9-44 打开项目文件

02 选中音频素材，单击时间轴上的"混音器"按钮，如图 9-45 所示。

图 9-45 单击"混音器"按钮

03 切换至混音器视图，将鼠标移至音频文件中的黄色音量调节线上，此时鼠标呈向上箭头形状，如图 9-46 所示。

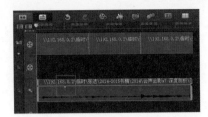

图 9-46　将鼠标移至调节线上

04 单击鼠标并向上拖曳到合适位置释放鼠标，即可添加控制点，如图 9-47 所示。

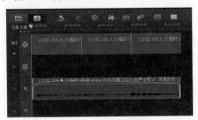

图 9-47　添加控制点

> **提示**
>
> 若需要删除添加的控制点，则只需将该控制点拖出素材外即可。

05 选择另一处，单击鼠标并向下拖曳，到合适位置释放鼠标，即可添加第 2 个控制点，如图 9-48 所示。

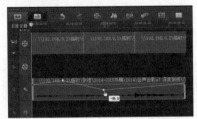

图 9-48　添加第 2 个控制点

06 采用同样的方法，在另一处向上拖曳调节线，添加第 3 个控制点，如图 9-49 所示。

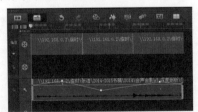

图 9-49　添加第 3 个控制点

> **提示**
>
> 拖曳控制点时，在光标右侧会显示出调节的音量值。

07 单击导览面板中的"播放"按钮，在预览窗口中播放视频，试听调节线调节音量的效果，如图 9-50 所示。

图 9-50　试听调节线调节音量的效果

9.2.4　重置音量

使用音量调节线后，可以单个删除调节线中的控制点，也可执行"重置音量"命令将所有控制点全部删除。

> **素材文件**
>
> 教学资源 \ 视频 \ 第 9 章 \9.2.4 重置音量 .mp4

01 选择时间轴中需要重置音量的音频素材，单击鼠标右键，执行"重置音量"命令，如图 9-51 所示。

图 9-51　执行"重置音量"命令

02 完成操作后，音量调节线中的控制点被全部删除，恢复到水平线状态，如图 9-52 所示。

图 9-52　重置音量后

9.2.5 调节左右声道

所谓"左右声道",通俗地讲就是左右耳机的声音输出。在会声会影中可以通过环绕混音面板对左右声道进行调节。

素材文件

教学资源\视频\第 9 章\9.2.5 调节左右声道 .mp4
实例效果

01 启动会声会影,执行"文件"|"打开项目"命令,打开项目文件,如图 9-53 所示。

图 9-53 打开项目文件

02 选择时间轴中的音频素材,单击时间轴上方的"混音器"按钮,如图 9-54 所示。

图 9-54 单击"混音器"按钮

03 在"环绕混音"面板中单击"播放"按钮,如图 9-55 所示。

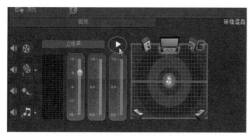

图 9-55 单击"播放"按钮

04 播放音乐后,选择蓝色图标,向左拖曳至合适的位置,如图 9-56 所示。释放鼠标后即可调节音频的左声道。

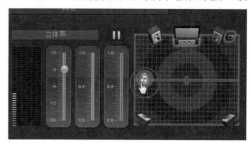

图 9-56 向左拖曳

05 向右拖曳蓝色图标,至合适的位置释放鼠标即可调节音频的右声道,如图 9-57 所示。

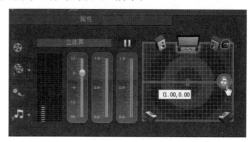

图 9-57 向右拖曳

06 执行操作后,音频素材的音量调节线上新增了多个控制点,如图 9-58 所示。

图 9-58 新增控制点

9.3 音频滤镜的基本操作

会声会影不仅提供了视频滤镜、标题滤镜,还提供了音频滤镜。在音频上添加音频滤镜可以实现一些特殊的声音效果。

9.3.1 添加音频滤镜

为音频素材添加滤镜可以使影片的音频效果更加完美。

素材文件

教学资源 \ 视频 \ 第 9 章 \9.3.1 添加音频滤镜 .mp4
实例效果

01 启动会声会影，执行"文件"|"打开项目"命令，打
开项目文件，如图 9-59 所示。

图 9-59 打开项目文件

02 单击"滤镜"按钮，进入"滤镜"素材库，单击素材
库上方的"显示音频滤镜"按钮，如图 9-60 所示。

图 9-60 单击"显示音频滤镜"按钮

03 显示所有音频滤镜后，选择"NewBule 音频润饰"滤
镜，如图 9-61 所示，将其添加到视频轨上。

图 9-61 选择"NewBule 音频润饰"滤镜

04 添加滤镜后，在素材上单击鼠标右键，执行"音频滤
镜"命令，如图 9-62 所示。

05 打开"音频滤镜"对话框，如图 9-63 所示。

06 在打开的对话框中可对滤镜进行设置，设置后单击"确
定"按钮，如图 9-64 所示。

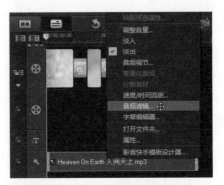

图 9-62 执行"音频滤镜"命令

图 9-63 "音频滤镜"对话框

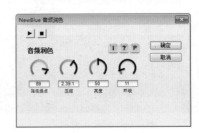

图 9-64 设置滤镜

07 单击导览面板中的"播放"按钮，试听音频滤镜效
果，相应画面如图 9-65 所示。

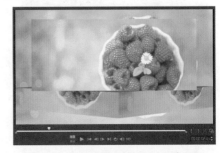

图 9-65 试听音频滤镜效果的相应画面

9.3.2 删除音频滤镜

添加到音频上的滤镜可以删除。选择时间轴中的音
频素材，进入"选项"面板，单击"音频滤镜"按钮，
如图 9-66 所示。弹出"音频滤镜"对话框，选择"已用
滤镜"列表中的滤镜，单击"删除"按钮，如图 9-67 所
示。即可将该音频滤镜删除，单击"确定"按钮完成设置。

图 9-66　单击"音频滤镜"命令

图 9-67　单击"删除"按钮

9.4　常见音频滤镜

会声会影 X9 提供了 20 种音频滤镜，不同的滤镜所产生的效果也各不相同，下面介绍几种比较常见的音频滤镜。

9.4.1　回音

在会声会影中，可以为某些音频素材应用回声特效，以配合画面产生更具有震撼力的播放效果。

📀 素材文件

教学资源 \ 视频 \ 第 9 章 \9.4.1 回音 .mp4
实例效果

01 启动会声会影，执行"文件"|"打开项目"命令，打开项目文件，如图 9-68 所示。

图 9-68　打开项目文件

02 选择时间轴中的音频文件，打开选项面板，单击"音频滤镜"按钮，如图 9-69 所示。

图 9-69　单击"音频滤镜"按钮

03 弹出"音频滤镜"对话框，在"可用滤镜"列表中选择"回音"滤镜，然后单击"添加"按钮，如图 9-70 所示。

图 9-70　添加"回音"滤镜

04 在"已用滤镜"列表框中选择要设置的滤镜"回音"，单击"选项"按钮，如图 9-71 所示。

图 9-71　单击"选项"按钮

05 在弹出的"已定义的回声效果"快捷菜单中选择"自定义"效果，如图 9-72 所示。

图 9-72　选择"自定义"效果

06 设置"回声特效"选项组中的"延时"参数为 1773 毫秒，单击 ▶ 按钮预览回音滤镜的效果。若满意则单击 ■ 按钮退出预览。单击"确定"按钮完成回音特效的制作。如图 9-73 所示。

图 9-73　完成制作回音特效操作

07 单击导览面板中的"播放"按钮，试听音频滤镜效果，相应画面如图 9-74 所示。

图 9-74　试听音频滤镜效果的相应画面

9.4.2　变调

在会声会影中，我们可以利用"变调"滤镜制作出数码变声的效果。

素材文件

教学资源 \ 视频 \ 第 9 章 \9.4.2 变调 .mp4
实例效果

01 启动会声会影，执行"文件"|"打开项目"命令，打开项目文件，如图 9-75 所示。

图 9-75　打开项目文件

02 选择时间轴中的音频文件，在选项面板中单击"音频滤镜"按钮，如图 9-76 所示。

图 9-76　单击"音频滤镜"按钮

03 弹出"音频滤镜"对话框，在"可用滤镜"列表中选择"变调"滤镜，单击"选项"按钮，如图 9-77 所示。

图 9-77　单击"选项"按钮

04 在弹出的"变调"对话框中，设置"半音调"参数为 9，单击"确定"按钮，如图 9-78 所示。

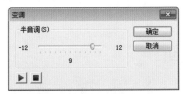

图 9-78　单击"确定"按钮

05 返回"音频滤镜"对话框，单击"添加"按钮，把设置好的"音调偏移"滤镜添加到"已用滤镜"列表中，如图 9-79 所示。

图 9-79　添加到"已用滤镜"列表

06 单击"确定"按钮，单击导览面板中的"播放"按钮，试听音频滤镜效果，相应画面如图 9-80 所示。

图 9-80　试听音频滤镜效果的相应画面

第 10 章　输出与共享

在会声会影中将视频制作完成后，可以选择多种输出视频的方式。所谓"输出"就是将项目文件中编辑完成的素材、转场和字幕处理成视频文件的格式保存起来。本章将介绍共享和输出视频的一些基本方法。

10.1　输出设置

通过"共享"面板可直接对输出的设备、格式、参数等进行设置。本节将学习输出设置。

10.1.1　选择输出设备和格式

在会声会影 X9 的"共享"面板中，输出设备包括了计算机、装置、网站、光盘、3D 影片等，每种设备内又包含了不同的输出格式。

🎬 **素材文件**

教学资源\视频\第 10 章\10.1.1 选择输出设备和格式 .mp4
实例效果

01 启动会声会影，执行"文件"|"打开项目"命令，打开项目文件，如图 10-1 所示。

图 10-1　打开项目文件

02 单击步骤面板中的"共享"按钮，如图 10-2 所示。

图 10-2　单击"共享"按钮

03 进入"共享"步骤面板，如图 10-3 所示。

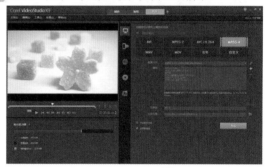

图 10-3　"共享"步骤面板

04 在"共享"面板中可选择输出的设备，如图 10-4 所示。

图 10-4　选择输出设备

05 单击进行不同的设备，包含了不同的输出格式，如图 10-5 所示。

图 10-5　选择输出格式

06 默认为 MPEG4 格式，选择 AVI 选项，单击"开始"按钮，如图 10-6 所示。

图 10-6　单击"开始"按钮

07 影片开始渲染输出，输出完成后进入"编辑"步骤中的素材库，选择素材库中自动保存的影片，单击导览面板中的"播放"按钮，预览效果，如图 10-7 所示。

图 10-7　预览效果

10.1.2　自定格式

除了预设的格式外，用户还可以自定格式，下面介绍输出自定义格式的操作方法。

素材文件

教学资源 \ 视频 \ 第 10 章 \10.1.2 自定格式 .mp4
实例效果

01 启动会声会影，执行"文件"|"打开项目"命令，打开项目文件，如图 10-8 所示。

图 10-8　打开项目文件

02 单击"共享"按钮，进入"共享"步骤面板，单击"自定义"按钮，如图 10-9 所示。

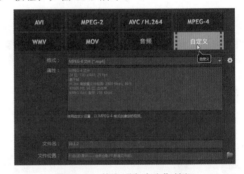

图 10-9　单击"自定义"按钮

03 在项目中单击鼠标，在弹出的下拉列表中选择"MPEG文件（*.mpg）"格式，如图 10-10 所示。

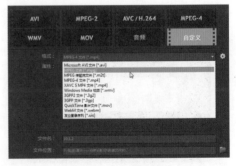

图 10-10　选择格式

04 设置文件名称及存储位置，单击"开始"按钮，如图 10-11 所示。

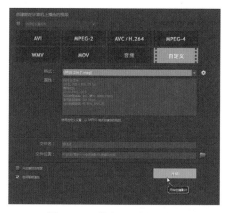

图 10-11　单击"开始"按钮

05 文件开始渲染，渲染完成后弹出提示对话框，单击"确定"按钮，如图 10-12 所示。

图 10-12　单击"确定"按钮

06 进入"编辑"步骤面板，在素材库中选择渲染完成的影片，在导览面板中单击"播放"按钮，预览效果，如图 10-13 所示。

图 10-13　预览效果

10.1.3　输出参数修改

选择不同的格式后，还可以对其属性参数进行修改，下面将介绍如何进行输出参数的修改。

📀 素材文件

教学资源 \ 视频 \ 第 10 章 \10.1.3 输出参数修改 .mp4
实例效果

01 启动会声会影，执行"文件"|"打开项目"命令，打开项目文件，如图 10-14 所示。

图 10-14　打开项目文件

02 单击"共享"按钮，进入"共享"步骤面板，单击"创建自定义配置文件"按钮，如图 10-15 所示。

图 10-15　单击"创建自定义配置文件"按钮

03 弹出"新建配置文件选项"对话框，可对文件名称进行修改，如图 10-16 所示。

图 10-16　修改文件名称

04 单击"常规"选项卡，可对各参数进行修改，包括帧速率、帧大小等参数，如图 10-17 所示。

图 10-17　"常规"选项卡

05 单击"压缩"选项卡，可以对压缩参数进行设置，如图 10-18 所示。

图 10-18　"压缩"选项卡

06 设置完成后，单击"确定"按钮关闭对话框。返回"共享"面板中，设置文件名及文件位置后单击"开始"按钮，如图 10-19 所示。

图 10-19　单击"开始"按钮

07 输出完成后弹出提示对话框，单击"确定"按钮。进入素材库，选择输出的视频，在预览窗口中预览效果，如图 10-20 所示。

图 10-20　预览效果

10.2　输出视频文件

编辑完成的项目文件需要创建为视频文件。输出影片是视频编辑工作的最后一个步骤，会声会影中有多种输出影片的方式，本节将介绍输出视频文件的操作。

10.2.1　输出整部影片

视频制作完成后则需要将其输出为完整的影片，下面介绍如何输出整部影片。

 素材文件

教学资源 \ 视频 \ 第 10 章 \10.2.1 输出整部影片 .mp4
实例效果

01 启动会声会影，执行"文件"|"打开项目"命令，打开项目文件，如图 10-21 所示。

图 10-21　打开项目文件

02 单击"共享"按钮，进入"共享"步骤面板，如图 10-22 所示。

图 10-22　"共享"面板

03 单击"自定义"按钮，在"格式"下拉列表中选择文件格式，如图 10-23 所示。

图 10-23　选择文件格式

04 在文件名称中设置视频的名称，然后在文件位置后单击"浏览"图标，如图 10-24 所示。

图 10-24　单击"浏览"图标

05 弹出"浏览"对话框，选择文件存储的路径，然后单击"保存"按钮，如图 10-25 所示。

图 10-25　单击"保存"按钮

06 设置完成后，单击"开始"按钮，如图 10-26 所示。

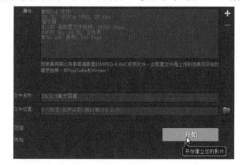

图 10-26　单击"开始"按钮

07 显示渲染文件进度，如图 10-27 所示。

08 渲染完成后弹出提示对话框，单击"确定"按钮，如图 10-28 所示。

图 10-27　渲染进度

图 10-28　单击"确定"按钮

提示

影片进行生成渲染时，按 Esc 键可以中止渲染。

09 单击步骤面板上的"编辑"步骤，生成的影片自动保存到素材库中，如图 10-29 所示。

图 10-29　素材库

10 单击导览面板中的"播放"按钮，预览效果，如图 10-30 所示。

图 10-30　预览效果

10.2.2　输出预览范围

制作好影片后，若标记了影片的预览范围，则可将该范围内的影片单独输出为视频。

素材文件

教学资源 \ 视频 \ 第 10 章 \10.2.2 输出预览范围 .mp4
实例效果

01 启动会声会影，执行"文件"|"打开项目"命令，打
开项目文件，如图 10-31 所示。

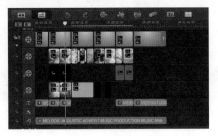

图 10-31　打开项目文件

02 此时在导览面板中可查看该视频标记了预览范围，如
图 10-32 所示。

图 10-32　预览范围

03 单击"共享"按钮，切换至"共享"步骤面板，如图
10-33 所示。

图 10-33　"共享"步骤面板

04 设置文件名称及文件位置，选中"仅建立预览范围"
复选框，如图 10-34 所示。

图 10-34　选中"仅建立预览范围"复选框

05 单击"开始"按钮，显示视频渲染进度，弹出提示对
话框，单击"确定"按钮，如图 10-35 所示。

图 10-35　显示渲染进度

06 进入"编辑"面板，渲染完成的影片会自动保存到素
材库中。单击导览面板中的"播放"按钮，预览输出影片，
如图 10-36 所示。

图 10-36　预览输出影片

10.3　输出部分影片

　　在会声会影中将影片编辑完成后，可以将影片输出
为无音频的独立视频或无视频的独立音频文件，本节将
介绍输出部分影片的操作方法。

10.3.1　输出独立视频

素材文件

教学资源 \ 视频 \ 第 10 章 \10.3.1 输出独立视频 .mp4
实例效果

01 启动会声会影，执行"文件"|"打开项目"命令，打
开项目文件，如图 10-37 所示。

图 10-37　打开项目文件

02　单击"共享"步骤按钮，切换到"共享"步骤面板，单击"创建自定义配置文件"按钮，如图 10-38 所示。

图 10-38　单击"创建自定义配置文件"按钮

03　弹出"新建配置文件选项"对话框，单击"常规"选项卡，如图 10-39 所示。

图 10-39　单击"常规"选项卡

04　打开"数据轨"下拉列表，选择"仅视频"选项，如图 10-40 所示。

图 10-40　选择"仅视频"选项

05　单击"确定"按钮。设置文件名及文字位置后单击"开始"按钮，如图 10-41 所示。

图 10-41　单击"开始"按钮

06　渲染完成后，在素材库中选择输出的文件，单击预览窗口中的"播放"按钮，查看影片，如图 10-42 所示。

图 10-42　查看影片

10.3.2　输出独立音频

在会声会影中，可以将影片中的音频输出为独立的音频文件。

素材文件

教学资源 \ 视频 \ 第 10 章 \10.3.2 输出独立音频 .mp4
实例效果

01　启动会声会影，执行"文件"|"打开项目"命令，打开项目文件，如图 10-43 所示。

图 10-43　打开项目文件

02 单击"共享"按钮，切换到"共享"步骤面板，单击"音频"按钮，如图 10-44 所示。

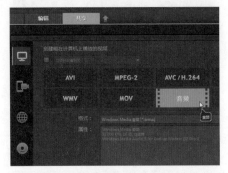

图 10-44 单击"音频"按钮

03 输入文件名称，并设置存储路径，单击"开始"按钮，如图 10-45 所示。

图 10-45 单击"开始"按钮

04 输出完成的音频文件自动保存到素材库中，如图 10-46 所示，音频文件输出完成。

图 10-46 保存到素材库

10.4 输出到外部设备

除了将制作的影片输出到计算机中保存外，还可以将影片输出到移动设备、光盘等外部设备中。

10.4.1 输出到移动设备

在会声会影编辑影片后，可以将制作完成的影片输出到移动设备中，便于欣赏。将移动设备与计算机进行连接后即可在"共享"面板中选择该设备并进行输出。

素材文件

教学资源 \ 视频 \ 第 10 章 \10.4.1 输出到移动设备 .mp4 实例效果

01 启动会声会影，执行"文件"|"打开项目"命令，打开项目文件，如图 10-47 所示。

图 10-47 打开项目文件

02 单击"共享"按钮，切换到"共享"步骤面板，单击"设备"按钮，如图 10-48 所示。

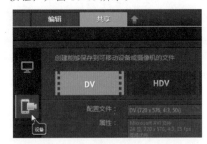

图 10-48 单击"设备"按钮

03 单击"移动设备"按钮，如图 10-49 所示。

图 10-49 单击"移动设备"按钮

04 输入文件名及文件位置，单击"开始"按钮，渲染完成后，完成的影片会自动保存到素材库中。

05 单击导览面板中的"播放"按钮，预览效果如图 10-50 所示。

图 10-50 预览效果

10.4.2 输出到光盘

用户还可以将编辑完成的影片刻录到光盘中，与他人分享。

素材文件

教学资源\视频\第 10 章\10.4.2 输出到光盘 .mp4
实例效果

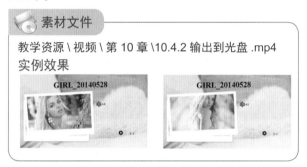

01 在会声会影中打开项目，进入共享面板，单击"光盘"按钮，如图 10-51 所示。

图 10-51 单击"光盘"按钮

02 在右侧有 4 种存储格式可供选择，单击 DVD 按钮，如图 10-52 所示。

图 10-52 单击 DVD 按钮

03 打开对话框，单击"下一步"按钮，如图 10-53 所示。

图 10-53 单击"下一步"按钮

04 进入"菜单和预览"步骤，在左侧的画廊下选择一个智能场景，如图 10-54 所示。

图 10-54 选择智能场景

05 在右侧的预览窗口中双击文本，修改文本内容，调整视频素材的大小，如图 10-55 所示。

图 10-55 修改文本及素材

06 在预览窗口下方单击"预览"按钮，如图 10-56 所示。

图 10-56 单击"预览"按钮

07 打开预览界面，单击"播放"按钮，预览修改后的效果，如图 10-57 所示。

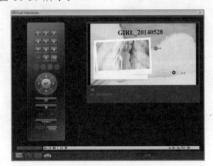

图 10-57　预览效果

08 单击"后退"按钮，返回"菜单和预览"步骤，单击"下一步"按钮，如图 10-58 所示。

图 10-58　单击"下一步"按钮

09 进入"输出步骤"，单击"展开更多输出选项"按钮，单击"刻录"按钮，如图 10-59 所示。

图 10-59　单击"刻录"按钮

10 即可对光盘进行刻录。刻录完成后预览效果，如图 10-60 所示。

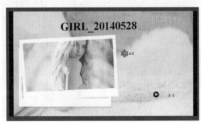

图 10-60　预览效果

10.5　输出为 HTML5 文件

在会声会影中可以将编辑的影片输出为 HTML5 网页文件。本节将介绍如何输出为 HTML5 文件。

素材文件

教学资源\视频\第 10 章\10.5 输出为 HTML5 文件 .mp4
实例效果

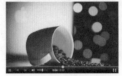 

01 启动会声会影，执行"文件"|"新 HTML5 项目"命令，如图 10-61 所示。

图 10-61　执行命令

02 弹出提示对话框，单击"确定"按钮，如图 10-62 所示。

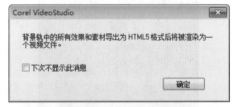

图 10-62　单击"确定"按钮

03 在背景轨中添加几张素材图片，如图 10-63 所示。

图 10-63　添加素材

04 单击"共享"按钮，切换至"共享"步骤面板，单击"HTML5 文件"按钮，如图 10-64 所示。

图 10-64　单击"HTML5 文件"按钮

05 设置项目资料文件名与文字位置，单击"开始"按钮，如图 10-65 所示。

图 10-65　单击"开始"按钮

06 影片进行渲染，渲染完成后单击"确定"按钮，如图 10-66 所示。

图 10-66　单击"确定"按钮

07 弹出网页所在文件夹，如图 10-67 所示。

图 10-67　网页所在文件夹

08 双击鼠标，打开网页，如图 10-68 所示，单击"播放"按钮即可预览网页效果。

图 10-68　打开网页

10.6　创建 3D 影片

在会声会影中可以将编辑完成的视频导出为 3D 影片，使用 3D 眼镜享受更具视觉冲击力的效果。

📢 素材文件

教学资源 \ 视频 \ 第 10 章 \10.6 创建 3D 影片 .mp4
实例效果

01 启动会声会影，执行"文件"|"打开项目"命令，打开项目文件，如图 10-69 所示。

图 10-69　打开项目文件

02 单击"共享"按钮，进入"共享"面板，单击 3D 按钮，如图 10-70 所示。

图 10-70　单击 3D 按钮

03 在建立 3D 视频文件列表中对各参数进行设置，包括选择"红蓝"或"并排"，如图 10-71 所示。

图 10-71　设置参数

04 设置文件名及文件位置，单击"开始"按钮后，视频渲染输出，最终的 3D 效果如图 10-72 所示。

图 10-72　3D 效果

第五篇 综合案例篇

第 11 章 儿童相册——快乐童年

每个宝贝的诞生都是一个美丽童话的开始，童年故事包容百味，且美不胜收。本章将以童年为主线，将日常留影串联成五彩斑斓的电子相册。

11.1 影片片头

在影片中，片头有渲染影片气氛、吸引观众注意力的作用，是其中不可缺少的一部分。本节将介绍制作儿童相册片头的方法。

11.1.1 添加与编辑素材

制作儿童相册的片头前，要把需要用到的片头素材图片整理到一个文件夹中，然后添加至会声会影中进行编辑。

📁 **素材文件**

教学资源 \ 视频 \ 第 11 章 \11.1.1 添加与编辑素材 .mp4
实例效果

01 启动会声会影 X9，在视频轨中单击鼠标右键，执行"插入视频"命令，如图 11-1 所示。

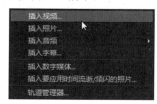

图 11-1 执行"插入视频"命令

02 弹出"打开视频文件"对话框，选择素材，单击"打开"按钮，在视频轨中添加素材，如图 11-2 所示。

图 11-2 单击"打开"按钮

03 在覆叠轨 2 中添加 Flash 素材，如图 11-3 所示。

图 11-3 添加 Flash 素材

04 在预览窗口中调整素材的大小及位置，如图 11-4 所示。

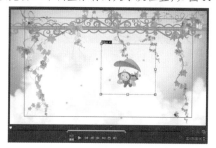

图 11-4 调整素材的大小及位置

05 在时间轴中选择覆叠轨 2 中的素材，单击鼠标右键，执行"复制"命令，如图 11-5 所示。

图 11-5　执行"复制"命令

06 将复制的素材粘贴到原素材中，如图 11-6 所示。

图 11-6　复制粘贴素材

07 双击素材，展开"选项"面板，单击"编辑"按钮，进入"编辑"选项面板，选中"反转视频"复选框，如图 11-7 所示。

图 11-7　选中"反转视频"复选框

08 在时间轴中选择素材，拖曳素材区间使之与视频轨中的视频素材区间一致，如图 11-8 所示。

图 11-8　调整素材区间

11.1.2　制作片头字幕

　　制作片头时，为影片添加说明性的标题字幕可以丰富画面内容。

素材文件

教学资源 \ 视频 \ 第 11 章 \11.1.2 制作片头字幕 .mp4
实例效果

01 单击素材库中的"标题"按钮，如图 11-9 所示。

图 11-9　单击"标题"按钮

02 在预览窗口中双击鼠标，输入字幕，并调整字幕的大小及位置，如图 11-10 所示。

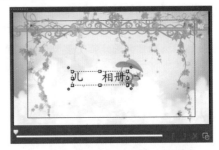

图 11-10　输入字幕并调整大小和位置

03 选择字幕，在"选项"面板中设置字体为楷体，色彩为绿色，如图 11-11 所示。

图 11-11　设置字体

04 在预览窗口中的另一处单击鼠标，输入字幕，并调整字幕的位置及大小，如图 11-12 所示。

05 在选项面板中设置文字色彩为白色，选中"文字背景"复选框，然后单击"自定文字背景的属性"按钮，如图 11-13 所示。

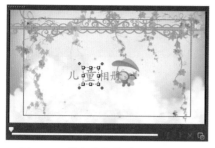

图 11-12　输入字幕并调整位置及大小

图 11-13　单击"自定义文字背景的属性"按钮

06　打开"文字背景"对话框，选择"与文本相符"单选按钮，如图 11-14 所示。

图 11-14　选择"与文本相符"单选按钮

07　选择"圆角矩形"选项，设置放大的参数为 0，如图 11-15 所示。

图 11-15　选择圆角矩形

08　单击"单色"单选按钮，然后单击后面的色块，在弹出的列表中选择颜色，如图 11-16 所示。

09　单击"确定"按钮完成设置。单击"属性"选项卡，选中"动画"单选按钮，选中"应用"复选框，如图 11-17 所示。

图 11-16　选择颜色

图 11-17　选中"应用"复选框

10　在时间轴中选择标题轨中的字幕，将其移动到覆叠轨 1 中，并调整字幕的区间为 6 秒，如图 11-18 所示。

图 11-18　调整字幕区间

11　选择字幕，单击鼠标右键，执行"复制"命令，将复制的素材粘贴到原素材后调整区间，如图 11-19 所示。

图 11-19　复制粘贴素材

12　选择复制的素材，在"属性"选项面板中取消"应用"复选框的选中状态，如图 11-20 所示。

13　将时间滑块拖至 3 秒的位置，单击鼠标新增章节点，如图 11-21 所示。

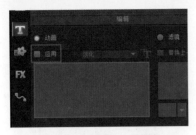

图 11-20　取消选中复选框

图 11-21　新增章节点

14 单击"标题"按钮，在预览窗口中双击鼠标，输入字幕，并调整字幕的大小及位置，如图 11-22 所示。

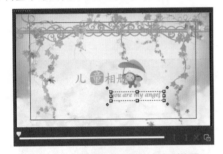

图 11-22　输入字幕并调整大小及位置

15 在选项面板中修改字体，如图 11-23 所示。

图 11-23　修改字体

16 切换至"属性"选项卡，单击"动画"单选按钮，选中"应用"复选框，在选取动画类型中选择"弹出"类别，如图 11-24 所示。

图 11-24　选择"弹出"类别

17 选择第 4 个动画预设效果，如图 11-25 所示。

图 11-25　选择预设效果

18 在导览面板中调整动画的暂停区间，如图 11-26 所示。

图 11-26　调整暂停区间

19 在时间轴中调整字幕的区间，如图 11-27 所示。

图 11-27　调整区间

20 单击导览面板中的"播放"按钮，预览字幕制作效果，如图 11-28 所示。

图 11-28　预览字幕效果

11.2　影片内容

运用会声会影强大的编辑功能，为照片添加多种效果，使照片以多种形式展现出来。本节将制作儿童相册的内容。

11.2.1　添加与编辑背景

在视频轨中添加视频背景，并对视频背景进行相应的编辑。

素材文件

教学资源 \ 视频 \ 第 11 章 \11.2.1 添加与编辑背景 .mp4
实例效果

01 选择视频轨中视频素材，单击鼠标右键，执行"复制"命令，将复制的素材粘贴到原素材后，如图 11-29 所示。

图 11-29　复制粘贴素材

02 单击"滤镜"按钮，在滤镜素材库中选择"云彩"滤镜，如图 11-30 所示，将其添加到视频素材上。

图 11-30　选择"云彩"滤镜

03 选择"视频摇动和缩放"滤镜，如图 11-31 所示，将其添加到视频素材上。

图 11-31　选择"视频摇动和缩放"滤镜

04 进入"选项"面板，在"滤镜"列表中选择"云彩"滤镜，单击"自定义滤镜"左侧的三角按钮，选择合适的预设效果，如图 11-32 所示。

图 11-32　选择预设效果

05 选择"视频摇动和缩放"滤镜，单击"自定义滤镜"按钮，如图 11-33 所示。

图 11-33　单击"自定义滤镜"按钮

06 弹出"视频摇动和缩放"对话框，设置缩放率参数为 100，单击"停靠"选项组中的"居中"按钮，如图 11-34 所示。

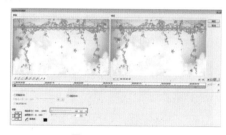

图 11-34　设置参数

07 将滑块拖至 5 秒的位置，单击"添加关键帧"按钮，在左侧的原始窗口中调整显示框，如图 11-35 所示。

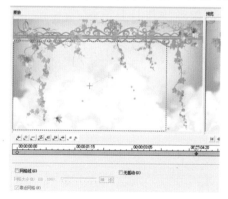

图 11-35　调整显示框

08 在该关键帧上单击鼠标右键，执行"复制"命令，如图 11-36 所示。

图 11-36　执行"复制"命令

09 将滑块拖至最后一帧，单击鼠标右键，执行"粘贴"命令，如图 11-37 所示。

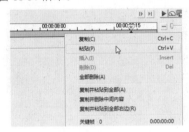

图 11-37　执行"粘贴"命令

10 单击"确定"按钮完成设置。在视频轨中选择该素材，按组合键 Ctrl+C 复制素材，并将复制的素材粘贴到原素材之后，如图 11-38 所示。

图 11-38　复制粘贴素材

11 在选项面板的滤镜列表中选择"视频摇动和缩放"滤镜，单击"自定义滤镜"按钮，打开对话框，单击"翻转关键帧"按钮，如图 11-39 所示。

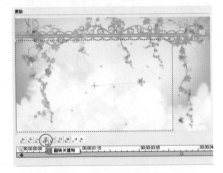

图 11-39　单击"翻转关键帧"按钮

12 选择第 2 个关键帧，调整显示框的大小及位置，如图 11-40 所示。

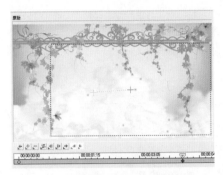

图 11-40　调整显示框的大小及位置

13 按组合键 Ctrl+C 复制关键帧，选择最后一帧，按组合键 Ctrl+V 粘贴关键帧。单击"确定"按钮关闭对话框。

14 采用同样的方法继续复制粘贴素材，如图 11-41 所示。

图 11-41　复制粘贴素材

11.2.2　为素材添加遮罩

在覆叠轨中添加素材并为素材添加自定义的遮罩。

🔵 素材文件

教学资源 \ 视频 \ 第 11 章 \11.2.2 为素材添加遮罩 .mp4
实例效果

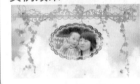

01 在覆叠轨中添加素材并调整区间为 5 秒，如图 11-42 所示。

图 11-42　添加素材并调整区间

02 在选项面板中单击"遮罩和色度键"按钮，如图 11-43 所示。

图 11-43　单击"遮罩和色度键"按钮

03 选中"应用覆叠选项"复选框，在"类型"下拉列表中选择"遮罩帧"选项，如图 11-44 所示。

图 11-44　选择"遮罩帧"选项

04 单击右侧的"添加遮罩项"按钮，如图 11-45 所示。

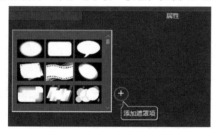

图 11-45　单击"添加遮罩项"按钮

05 弹出"浏览照片"对话框，选择遮罩图片，单击"打开"按钮，如图 11-46 所示。

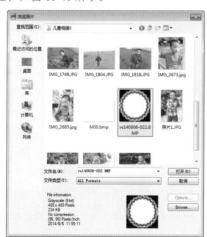

图 11-46　单击"打开"按钮

06 弹出提示对话框，单击"确定"按钮，如图 11-47 所示。

图 11-47　单击"确定"按钮

07 打开的遮罩图片添加到遮罩列表中，如图 11-48 所示。

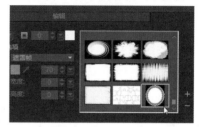

图 11-48　添加到遮罩列表

08 在预览窗口中预览应用遮罩的效果，如图 11-49 所示。

图 11-49　预览效果

09 在时间轴中的素材上单击鼠标右键，执行"复制属性"命令，如图 11-50 所示。

图 11-50　执行"复制属性"命令

10 在覆叠轨 1 和覆叠轨 2 中添加素材并调整区间，如图 11-51 所示。

图 11-51　添加素材并调整区间

11 选择两个素材，单击鼠标右键，执行"粘贴所有属性"命令，如图 11-52 所示。

图 11-52　执行"粘贴所有属性"命令

12 在预览窗口中预览素材效果，如图 11-53 所示。

图 11-53　预览效果

11.2.3　素材的路径动画

为素材添加自定义路径，制作花朵飘落的效果。

素材文件

教学资源 \ 视频 \ 第 11 章 \11.2.3 素材的路径动画 .mp4
实例效果

01 在覆叠轨 1 中选择图片素材，单击鼠标右键，执行"自定路径"命令，如图 11-54 所示。

图 11-54　执行"自定路径"命令

02 弹出"自定路径"对话框，在预览窗口中调整素材的大小及位置，如图 11-55 所示。

图 11-55　调整素材大小及位置

提示

选择素材，在选项面板中单击"自定义路径"按钮也可自定义路径动画。

03 将时间滑块拖至合适的位置，单击"新增关键帧"按钮 ，新增一个关键帧。并在预览窗口调整素材的大小及位置，并旋转图像，如图 11-56 所示。

图 11-56　调整素材

04 在预览窗口中调整路径为曲线，如图 11-57 所示。

图 11-57　修改路径

05 采用同样的方法新增其他关键帧，并调整素材的大小、位置、角度及路径的弧度，如图 11-58 所示。

06 单击"确定"按钮完成设置。采用同样的方法为另外两个素材添加路径动画，如图 11-59 所示。

图 11-58　调整素材

图 11-59　添加路径动画

07 单击导览面板中的"播放"按钮,播放路径动画效果,如图 11-60 所示。

图 11-60　播放动画效果

11.2.4　使用模板

即时项目中的模板素材可以直接调用,也可使用模板中的部分动画效果,并根据需要对模板效果进行修改。

素材文件

教学资源 \ 视频 \ 第 11 章 \11.2.4 使用模板 .mp4
实例效果

01 单击"即时项目"按钮,进入即时项目素材库,如图 11-61 所示。

图 11-61　单击"即时项目"按钮

02 在左侧选择"完成"选项,选择一个模板,如图 11-62 所示。

图 11-62　选择模板

03 将其拖曳到时间轴中,如图 11-63 所示。

图 11-63　拖曳到时间轴

04 按 Shift 键,选择多个素材,将其拖曳到合适的位置,如图 11-64 所示。

图 11-64　选择素材并调整位置

05 依次选择素材，单击鼠标右键，执行"替换素材"|"照片"命令，替换素材，如图 11-65 所示。

图 11-65　执行"替换素材"|"照片"命令

06 将所有的照片素材替换后对素材进行排序，效果如图 11-66 所示。

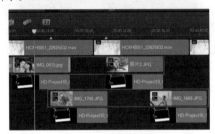

图 11-66　对素材排序

07 选择第一个素材，进入选项面板，切换至"编辑"选项卡，单击"自定义"按钮，如图 11-67 所示。

图 11-67　单击"自定义"按钮

08 弹出"摇动和缩放"对话框，根据需要对显示区域大小进行修改，如图 11-68 所示。

图 11-68　修改显示区域

09 单击"确定"按钮完成设置。采用同样的方法自定义其他三个素材的摇动和缩放效果。

10 在覆叠轨 5 中添加 Flash 动画素材，在预览窗口中调整素材的大小及位置，如图 11-69 所示。

图 11-69　调整素材大小及位置

11 采用同样的方法，将模板中的文字素材移动到合适的位置。

12 选择素材，在预览窗口中双击鼠标，修改字幕，如图 11-70 所示。

图 11-70　修改字幕

13 进入选项面板，修改字体、颜色等参数，如图 11-71 所示。

图 11-71　修改字体参数

14 采用同样的方法，修改其他字幕，如图 11-72 所示。

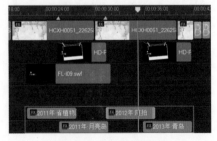

图 11-72　修改其他字幕

15 在时间轴中选择第一个标题素材，单击鼠标右键，执行"复制属性"命令。选择其他标题素材，单击鼠标右键，执行"粘贴所有属性"命令。

16 采用同样的方法，将模板中的素材移动到合适的位置后替换需要的素材，如图 11-73 所示。

图 11-73 替换素材

17 选择标题，在预览窗口中修改字幕，在选项面板中修改字体参数，如图 11-74 所示。

图 11-74 修改字体参数

18 选择不需要的素材，按 Delete 键删除。

19 单击导览面板中的"播放"按钮，预览效果，如图 11-75 所示。

图 11-75 预览效果

11.3 影片片尾

片尾能让影片在播放中自然结束。本节将介绍制作儿童相册片尾的方法。

11.3.1 添加片尾视频

下面为片尾添加视频素材。

素材文件

教学资源 \ 视频 \ 第 11 章 \11.3.1 添加片尾视频 .mp4

01 单击图形按钮，在色彩素材库中选择白色素材，如图 11-76 所示。

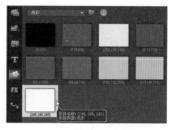

图 11-76 添加白色素材

02 将其添加到时间轴中并修改区间为 2 秒，如图 11-77 所示。

图 11-77 添加素材并调整区间

03 在视频轨中添加视频素材，如图 11-78 所示。

图 11-78 添加视频素材

04 单击"转场"按钮，在转场素材库中选择"交叉淡化"转场，如图 11-79 所示，将其添加到素材之间。

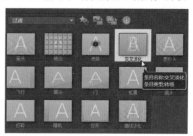

图 11-79 选择"交叉淡化"转场

11.3.2 制作片尾字幕

字幕能在一部影片中起到很好的概括作用。本节将制作儿童相册的片尾字幕。

素材文件

教学资源 \ 视频 \ 第 11 章 \11.3.2 制作片尾字幕 .mp4
实例效果

01 单击标题按钮，在标题素材库中选择标题素材，如图 11-80 所示。

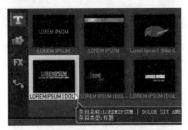

图 11-80　选择标题素材

02 将其拖曳到时间轴中并调整区间，如图 11-81 所示。

图 11-81　添加素材并调整区间

03 在预览窗口中双击鼠标，修改字幕，如图 11-82 所示。

图 11-82　修改字幕

04 进入选项面板，修改字体、颜色等参数，如图 11-83 所示。

图 11-83　修改字体参数

05 单击"边框 / 阴影 / 透明度"按钮，在弹出的对话框中取消"外部边界"复选框的选取，设置边框参数为 0，如图 11-84 所示。

图 11-84　设置边框参数为 0

06 单击"确定"按钮完成设置。进入"属性"选项面板，单击"滤镜"单选按钮，然后在滤镜列表中依次选择滤镜，单击"删除滤镜"按钮，如图 11-85 所示，将所有滤镜删除。

图 11-85　单击"删除滤镜"按钮

11.4　后期输出

影片制作完成后还需要后期的配乐、输出等操作，才能生成完整的影片。

11.4.1　后期配音

影片制作完成后需要对影片进行后期的配音，包括背景音乐及画外音、旁白等。

素材文件

教学资源 \ 视频 \ 第 11 章 \11.4.1 后期配音 .mp4

01 在时间轴的空白区域单击鼠标右键，执行"插入音频"|"到音乐轨"命令，如图 11-86 所示。

图 11-86　执行"插入音频"|"到音乐轨"命令

02 添加音频素材后拖曳素材的区域使之与视频轨区域保持一致，如图 11-87 所示。

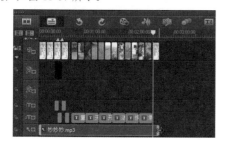

图 11-87　调整区间

03 选择素材，展开选项面板，单击"淡出"按钮，如图 11-88所示。

图 11-88　单击"淡出"按钮

11.4.2　输出保存

将制作的项目保存，可以方便下次修改。项目制作完成后，将其输出为常见的视频格式，可以方便使用其他设备进行播放观赏。

素材文件

教学资源 \ 视频 \ 第 11 章 \11.4.2 输出保存 .mp4
实例效果

01 执行"文件"|"智能包"命令，如图 11-89 所示。

图 11-89　执行"文件"|"智能包"命令

02 弹出提示对话框，单击"是"按钮，如图 11-90 所示。

图 11-90　单击"是"按钮

03 弹出"智能包"对话框，设置文件夹路径及文件名称，单击"确定"按钮，如图 11-91 所示。

图 11-91　单击"确定"按钮

04 输出完成后弹出提示对话框，单击"确定"按钮，如图 11-92 所示。

图 11-92　单击"确定"按钮

05 单击步骤面板中的"输出"按钮，切换至"输出"面板，如图 11-93 所示。

图 11-93　"输出"面板

06 设置影片的存储路径及文件名,单击"开始"按钮,如图 11-94 所示。

07 影片开始渲染,渲染输出后可在素材库中选择生成的视频,在预览窗口中预览最终效果,如图 11-95 所示。

图 11-94　单击"开始"按钮

图 11-95　预览最终效果

第 12 章　我的写真——舞动青春

青春是人生中最美丽的一道风景，是一生中最真切的回忆。用会声会影将短暂而美好的青春保留，将青春里的欢笑记载，制作出光彩夺目的青春写真集。

12.1　制作片头

一部完整的影片通常是以片头拉开序幕的，片头多用来介绍影片片名、影片主旨等内容。本节将介绍"我的写真"的片头制作方法。

12.1.1　制作路径字幕

片头字幕用以表达主旨、吸引眼球、提高观众对影片的兴趣。下面介绍制作片头字幕，并为字幕添加自定路径效果的方法。

素材文件

教学资源 \ 视频 \ 第 12 章 \12.1.1 制作路径字幕 .mp4
实例效果

`01` 启动会声会影 X9，在视频轨中添加背景素材，并调整素材的区间为 16 秒，如图 12-1 所示。

图 12-1　添加素材并调整区间

`02` 单击"标题"按钮，在预览窗口中双击鼠标，输入字幕，如图 12-2 所示。

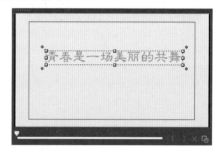

图 12-2　输入字幕

`03` 在选项面板中修改字体为方正隶变简体，字体大小为 45，色彩为粉红色，如图 12-3 所示。

图 12-3　修改字体参数

`04` 在预览窗口中双击鼠标，继续输入字幕，在选项面板中修改字体大小参数为 25，效果如图 12-4 所示。

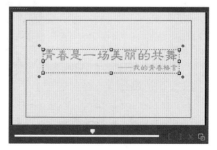

图 12-4　输入字幕效果

05 在时间轴中选择标题素材，将其调整到覆叠轨 1 中，并调整区间为 6 秒，如图 12-5 所示。

图 12-5 调整素材的轨道及区间

06 选择素材，单击鼠标右键，执行"自定义动作"命令，如图 12-6 所示。

图 12-6 执行"自定义动作"命令

07 弹出"自定路径"对话框，在大小选项组中设置参数为 0，在"镜射"选项组中设置不透明度参数为 40，淡出参数为 65，如图 12-7 所示。

图 12-7 设置大小及镜射参数

08 将滑块拖曳至合适的位置，新增关键帧，在预览窗口中调整素材的大小及位置，如图 12-8 所示。

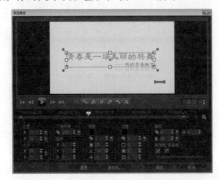

图 12-8 新建关键帧并调整大小及位置

09 选择该关键帧，单击鼠标右键，执行"复制"命令，如图 12-9 所示。

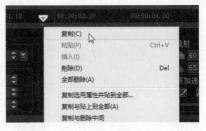

图 12-9 执行"复制"命令

10 将时间滑块拖至合适的位置，单击鼠标右键，执行"粘贴"命令，如图 12-10 所示。

图 12-10 执行"粘贴"命令

11 选择最后一帧，单击鼠标右键，执行"粘贴"命令，修改不透明度参数为 0，如图 12-11 所示。

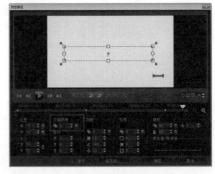

图 12-11 设置不透明度参数

12 单击"确定"按钮完成设置，在预览窗口中预览效果，如图 12-12 所示。

图 12-12 预览效果

13 在时间轴中拖曳滑块至合适的位置，再次单击"标题"

按钮，在预览窗口中双击鼠标输入字幕，如图 12-13 所示。

图 12-13　输入字幕

14 在选项面板中设置字体参数，如图 12-14 所示。

图 12-14　设置字体参数

15 在时间轴中调整素材的位置及区间，如图 12-15 所示。

图 12-15　调整素材位置及区间

16 选择素材，单击鼠标右键，执行"自定路径"命令，弹出"自定路径"对话框，设置位置及大小，如图 12-16 所示。

图 12-16　设置位置及大小

17 将时间滑块向右拖曳，新建关键帧，修改位置参数，如图 12-17 所示。

图 12-17　修改位置参数

18 拖曳滑块，新增关键帧，设置位置及旋转参数，如图 12-18 所示。

图 12-18　设置参数

19 依次新增其他关键帧，并调整参数，如图 12-19 所示。

图 12-19　调整参数

20 单击"确定"按钮完成设置。在预览窗口中预览效果，如图 12-20 所示。

图 12-20　预览效果

12.1.2 素材修剪

为素材添加"修剪"滤镜，制作出素材逐渐展开的效果。

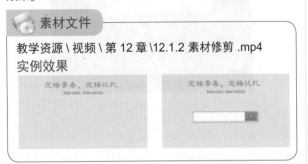

01 在覆叠轨 2 中添加素材图片，并调整区间，如图 12-21 所示。

图 12-21 添加素材并调整区间

02 在选项面板中调整素材的大小及位置，如图 12-22 所示。

图 12-22 调整素材的大小及位置

03 单击"滤镜"按钮，选择"修剪"滤镜，如图 12-23 所示。

图 12-23 选择"修剪"滤镜

04 将其添加到素材上。展开选项面板，单击"自定义滤镜"按钮，如图 12-24 所示。

图 12-24 单击"自定义滤镜"按钮

05 弹出"修剪"对话框，设置宽度参数为 0，高度参数为 100，如图 12-25 所示。

图 12-25 设置宽度和高度参数

06 将滑块拖至 2 秒的位置，新增关键帧，设置宽度和高度参数均为 100，如图 12-26 所示。

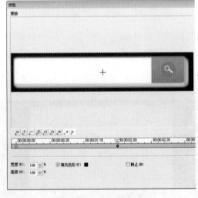

图 12-26 设置参数

07 选择最后一个关键帧，设置宽度和高度参数均为 100，单击"确定"按钮完成设置。

12.1.3 打字效果

输入字幕后为字幕添加"淡化"标题动画，制作出类似于打字的效果。

素材文件

教学资源 \ 视频 \ 第 12 章\12.1.3 打字效果 .mp4
实例效果

01 单击"标题"按钮，在预览窗口中双击鼠标，输入字幕，如图 12-27 所示。

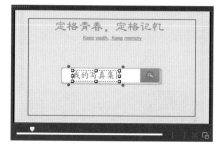

图 12-27　输入字幕

02 在选项面板中修改文字参数，如图 12-28 所示。

图 12-28　修改参数

03 进入"属性"选项面板，选中"应用"复选框，选择"淡化"类别中的第 2 个预设效果，如图 12-29 所示。

图 12-29　选择预设效果

04 在时间轴中调整素材的位置及区间，如图 12-30 所示。

图 12-30　调整位置及区间

05 选择素材，单击鼠标右键，执行"复制"命令，将复制的素材粘贴到原素材后并调整区间，如图 12-31 所示。

图 12-31　粘贴素材并调整区间

06 进入"属性"选项面板，取消"应用"复选框的选取，如图 12-32 所示。

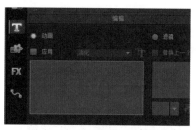

图 12-32　取消复选框选取

07 在覆叠轨 4 中添加素材并调整到合适的区间，如图 12-33 所示。

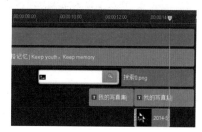

图 12-33　添加素材并调整区间

08 在预览窗口中调整素材的大小及位置,如图12-34所示。

图 12-34　调整素材的大小及位置

09 进入选项面板，单击"从右下方进入"按钮，如图 12-35 所示。

10 在导览面板中调整动画的暂停区间，如图 12-36 所示。

图 12-35 单击按钮

图 12-36 调整暂停区间

11 在覆叠轨 4 中添加素材并调整区间,如图 12-37 所示。

图 12-37 添加素材并调整区间

12 在选项面板中调整素材的大小及位置,如图 12-38 所示。

图 12-38 调整素材的大小及位置

13 单击"图形"按钮,在色彩素材库中选择白色素材,将其添加到时间轴中并调整区间,如图 12-39 所示。

图 12-39 添加素材并调整区间

14 在选项面板中单击"从下方进入"按钮,如图 12-40 所示。

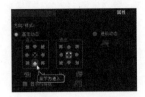

图 12-40 单击"从下方进入"按钮

15 在导览面板中调整动画的暂停区间,如图 12-41 所示。

图 12-41 调整暂停区间

16 单击"播放"按钮预览效果,如图 12-42 所示。

图 12-42 预览效果

12.2 制作影片

影片内容是一部影片的关键所在,本节介绍制作写真影片内容的方法,将青春的美好时光定格在此刻。

12.2.1 制作背景动画

添加背景素材,并制作相应的动画效果。

💿 素材文件

教学资源 \ 视频 \ 第 12 章 \12.2.1 制作背景动画 .mp4
实例效果

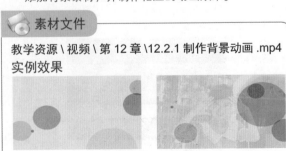

01 单击"图形"按钮，在色彩素材库中单击"添加"按钮，如图 12-43 所示。

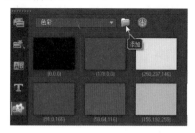

图 12-43 单击"添加"按钮

02 弹出"新建色彩素材"对话框，在 RGB 文本框中分别输入数值，如图 12-44 所示。

图 12-44 输入数值

03 单击"确定"按钮，将添加的颜色素材拖曳到视频轨中并调整区间为 6 秒，如图 12-45 所示。

图 12-45 添加素材并调整区间

04 在"Flash 动画"素材库中选择 FL-F07.swf，如图 12-46 所示。

图 12-46 选择条目

05 将其添加到覆叠轨 1 中。进入"编辑"选项面板，单击"色彩校正"按钮，如图 12-47 所示。

图 12-47 单击"色彩校正"按钮

06 拖曳滑块，调整色彩和饱和度的参数，如图 12-48 所示。

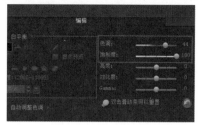

图 12-48 调整参数

07 在时间轴中选择素材，按组合键 Ctrl+C 复制素材，并粘贴素材到原素材后面，如图 12-49 所示。

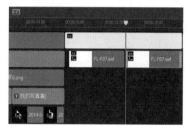

图 12-49 复制粘贴素材

08 在覆叠轨 2 中添加素材，并调整到合适的位置及区间，如图 12-50 所示。

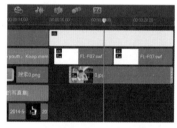

图 12-50 添加素材并调整区间

09 在预览窗口中单击鼠标右键，执行"调整到屏幕大小"命令，再次单击鼠标右键，执行"保持宽高比"命令，如图 12-51 所示。

图 12-51 执行"保持宽高比"命令

10 进入选项面板，单击"淡入动画效果"按钮，然后单击"遮罩和色度键"按钮，如图 12-52 所示。

图 12-52 单击"遮罩和色度键"按钮

11 设置不透明度参数为 75，选中"应用覆叠选项"复选框，设置类型为"遮罩帧"，在右侧选择合适的遮罩，如图 12-53 所示。

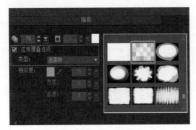

图 12-53 选择合适的遮罩

12 在预览窗口中预览效果，如图 12-54 所示。

图 12-54 预览效果

12.2.2 路径运动

在覆叠轨中添加素材，并为素材添加路径动画。

📀 素材文件

教学资源 \ 视频 \ 第 12 章 \12.2.2 路径运动 .mp4
实例效果

01 在覆叠轨 3 至覆叠轨 5 中分别添加素材，如图 12-55 所示。

图 12-55 添加素材

02 选择覆叠轨 3 中的素材，在选项面板中选中"高级动作"单选按钮，如图 12-56 所示。

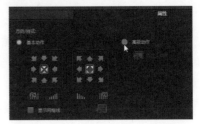

图 12-56 选中"高级动作"单选按钮

03 弹出对话框，设置位置、大小、旋转及边框参数，如图 12-57 所示。

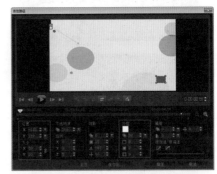

图 12-57 设置参数

04 将滑块拖至合适的位置，新增关键帧，设置位置、大小、旋转及边框参数，如图 12-58 所示。

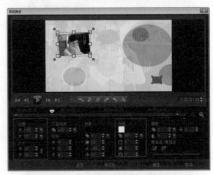

图 12-58 新增关键帧并设置参数

05 采用同样的方法调整最后一帧的参数，如图 12-59 所示，单击"确定"按钮完成设置。

图 12-59　调整最后一帧

06 选择素材，单击鼠标右键，执行"复制属性"命令，如图 12-60 所示。

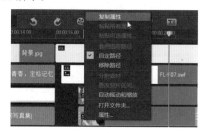

图 12-60　执行"复制属性"命令

07 选择另外两个素材，单击鼠标右键，执行"粘贴所有属性"命令，如图 12-61 所示。

图 12-61　执行"粘贴所有属性"命令

08 选中覆叠轨 4 中的素材，在选项面板中单击"自定义动作"按钮，如图 12-62 所示。

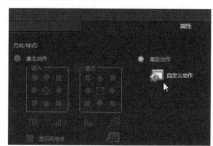

图 12-62　单击"自定义动作"按钮

09 在弹出的对话框中对参数进行修改，如图 12-63 所示。
10 单击"确定"按钮完成设置。采用同样的方法，自定义覆叠轨 5 中素材的路径动画，如图 12-64 所示。

图 12-63　修改参数

图 12-64　自定路径

11 在覆叠轨 6 中添加素材并调整区间为 4 秒，如图 12-65 所示。

图 12-65　添加素材并调整区间

12 选择素材，单击鼠标右键，执行"自定义动作"命令，如图 12-66 所示。

图 12-66　执行"自定义动作"命令

13 弹出对话框，新增多个关键帧，设置素材由小变大的动态效果，如图 12-67 所示。

图 12-67　设置素材效果

14 选择最后一个关键帧，设置不透明度参数为 0，如图 12-68 所示。单击"确定"按钮关闭对话框。

图 12-68　设置不透明度参数

12.2.3　素材的画中画效果

在覆叠轨中添加素材，并为素材添加画中画滤镜，自定义滤镜效果以达到满意的效果。

素材文件

教学资源 \ 视频 \ 第 12 章 \12.2.3 素材的画中画效果 .mp4
实例效果

01 单击"图形"按钮，在色彩素材库中新增色彩素材，添加到视频轨中，并调整区间为 23 秒，如图 12-69 所示。

图 12-69　添加素材并调整区间

02 在"Flash 动画"素材库选择条目 FL-F09.swf，将其添加到覆叠轨 1 中两次，如图 12-70 所示。

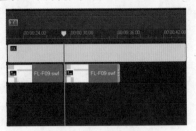

图 12-70　添加素材

03 在覆叠轨 3 中添加素材并调整区间为 4 秒，如图 12-71 所示。

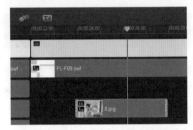

图 12-71　添加素材并调整区间

04 单击"滤镜"按钮，在滤镜素材库中选择"画中画"滤镜，如图 12-72 所示。

图 12-72　选择"画中画"滤镜

05 将其添加到素材上，在选项面板中单击"遮罩和色度键"按钮，如图 12-73 所示。

图 12-73　单击"遮罩和色度键"按钮

06 在打开的面板中选中"应用覆叠选项"复选框，在"类型"下拉列表中选择"遮罩帧"选项，在右侧的遮罩项中选择合适的遮罩项，如图 12-74 所示。

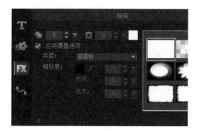

图 12-74　选择合适的遮罩项

07 关闭面板，单击"自定义滤镜"按钮，如图 12-75 所示。

图 12-75　单击"自定义滤镜"按钮

08 弹出对话框，将滑块拖至第 1 帧，单击"重置为无"选项，如图 12-76 所示。

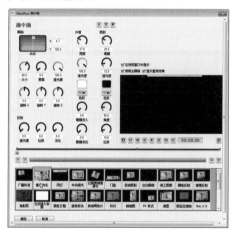

图 12-76　单击"重置为无"选项

09 设置参数大小、位置、外框及阴影的参数，如图 12-77 所示。

图 12-77　设置参数

10 将滑块拖至合适的位置，设置参数，如图 12-78 所示。

图 12-78　设置参数

11 将滑块拖至最后一帧，设置的参数与第二帧相同。

12 单击"确定"按钮完成设置。在覆叠轨 1 中添加素材，在预览窗口中调整素材的大小及位置，如图 12-79 所示。

图 12-79　添加素材并调整素材

13 展开选项面板，单击"从上方进入"按钮，如图 12-80 所示。

图 12-80　单击"从上方进入"按钮

14 在导览面板中调整暂停区间，如图 12-81 所示。

图 12-81　调整暂停区间

15 单击"标题"按钮，在预览窗口中双击鼠标，输入字幕，并调整文字大小、位置及旋转角度，如图 12-82 所示。

图 12-82　输入并调整字幕

16 在选项面板中修改字体、颜色等属性，如图 12-83 所示。

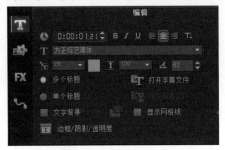

图 12-83　修改字体参数

17 在时间轴中调整标题素材的位置及区间，如图 12-84 所示。

图 12-84　调整标题位置及区间

12.2.4　设置进入与退出

　　添加素材，为素材设置进入与退出的方向，通过调整导览面板中的暂停区间来同步素材。

📀 素材文件

教学资源 \ 视频 \ 第 12 章 \12.2.4 设置进入与退出 .mp4
实例效果

01 在覆叠轨 2 和覆叠轨 3 中分别添加素材，如图 12-85 所示。

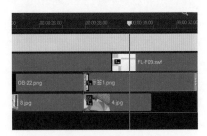

图 12-85　添加素材

02 在预览窗口中调整覆叠轨 3 中的素材大小，如图 12-86 所示。

图 12-86　调整素材大小

03 在预览窗口中调整覆叠轨 2 中的素材大小，如图 12-87 所示。

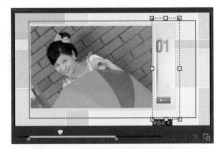

图 12-87　调整素材大小

04 选择覆叠轨 2 中的素材，在选项面板中单击"从下方进入"按钮，如图 12-88 所示。

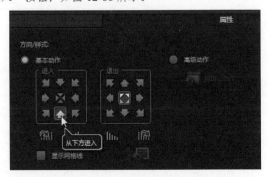

图 12-88　单击"从下方进入"按钮

05 在导览面板中调整动画的暂停区间，如图 12-89 所示。

图 12-89　调整暂停区间

06 选择覆叠轨 3 中的素材，在选项面板中单击"从下方进入"按钮，然后单击"遮罩和色度键"按钮，如图 12-90 所示。

图 12-90　单击"遮罩和色度键"按钮

07 设置边框参数为 2，颜色为灰色，如图 12-91 所示。

图 12-91　设置边框

08 单击"滤镜"按钮，选择"视频摇动和缩放"滤镜，将其添加到素材上。

09 在覆叠轨 3 中添加素材，并在素材之间添加"单向-擦拭"转场，如图 12-92 所示。

图 12-92　添加素材与转场

10 选择素材 1，单击鼠标右键，执行"复制属性"命令。

11 选择素材 2，单击鼠标右键，执行"粘贴所有属性"

命令，如图 12-93 所示。

图 12-93　执行"粘贴所有属性"命令

12 进入选项面板，在"进入"选项组中单击"静止"按钮，如图 12-94 所示。

图 12-94　单击"静止"按钮

13 选择转场，在选项面板中单击"从右到左"按钮，如图 12-95 所示。

图 12-95　单击"从右到左"按钮

14 选择覆叠轨 4 中的标题素材，按组合键 Ctrl+C 复制素材，并粘贴到合适位置。

15 在选项面板中双击鼠标，修改字幕并调整角度，如图 12-96 所示。

图 12-96　修改字幕并调整角度

16 在选项面板中单击"将方向更改为垂直"按钮，如图 12-97 所示。

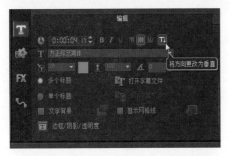

图 12-97　单击"将方向更改为垂直"按钮

17 在选项面板中调整文字的位置，如图 12-98 所示。

图 12-98　调整文字的位置

18 采用同样的方法，添加素材到时间轴中，如图 12-99 所示。

图 12-99　添加素材

19 在预览窗口中调整素材的大小及位置，如图 12-100 所示。

图 12-100　调整素材大小与位置

20 采用同样的方法，制作素材的进入与退出动画效果。

21 选择覆叠轨 1 中的 FL-F07.swf 素材，将其复制粘贴到合适的位置，如图 12-101 所示。

图 12-101　复制粘贴素材到合适的位置

22 采用同样的方法，添加素材并制作其他动画效果，设置最后一个素材的淡出动画，如图 12-102 所示。

图 12-102　制作其他动画效果

12.2.5　多画面交叠效果

在覆叠轨中添加素材并制作素材的交叠显示效果。

素材文件

教学资源 \ 视频 \ 第 12 章 \12.2.5 多画面交叠效果 .mp4
实例效果

01 在色彩素材库中新增色彩素材并添加到视频轨中，调整到合适的区间，如图 12-103 所示。

图 12-103　添加素材并调整区间

02 在覆叠轨 1 中添加素材图片。在预览窗口中单击鼠标右键，执行"调整到屏幕大小"命令，然后执行"保持宽高比"命令，如图 12-104 所示。

图 12-104 执行"保持宽高比"命令

03 进入"选项"面板,单击"淡入动画效果"按钮,如图 12-105 所示。

图 12-105 单击"淡入动画效果"按钮

04 在"色彩"素材库中选择白色素材添加到覆叠轨 2 中,在预览窗口中调整素材的大小及位置,如图 12-106 所示。

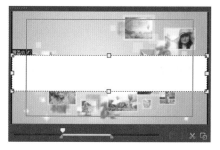

图 12-106 调整素材的大小及位置

05 进入"选项"面板,单击"淡入动画效果"按钮,然后单击"遮罩和色度键"按钮。选中"应用覆叠选项"复选框,选择合适的遮罩,如图 12-107 所示。

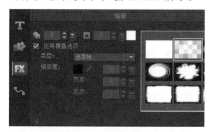

图 12-107 选择合适的遮罩

06 将覆叠轨 1 中的标题素材复制粘贴到合适的位置,然后在预览窗口中修改字幕,在选项面板修改字体颜色,最终效果如图 12-108 所示。

图 12-108 最终效果

07 在覆叠轨 1 中添加白色素材并调整区间与视频区间一致。

08 在选项面板中单击"遮罩和色度键"按钮,设置不透明度参数为 30,并选中"应用覆叠选项"复选框,选择合适的遮罩,如图 12-109 所示。

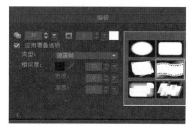

图 12-109 选择合适的遮罩

09 在预览窗口中预览效果,如图 12-110 所示。

图 12-110 预览效果

10 在覆叠轨 2 中添加素材,如图 12-111 所示。

图 12-111 添加素材

11 选择素材,单击鼠标右键,执行"自定路径"命令。弹出对话框,设置大小为 0,边框参数为 2,如图 12-112 所示。

图 12-112　设置参数

12 复制关键帧，将滑块拖至合适的位置，粘贴关键帧，并在预览窗口中调整素材的大小，如图 12-113 所示。

图 12-113　调整素材的大小

13 复制该关键帧并粘贴到最后一帧处，单击"确定"按钮关闭对话框。

14 在时间轴中复制该素材并粘贴到原素材之后，调整素材的区间，如图 12-114 所示。

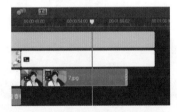

图 12-114　调整素材的区间

15 单击鼠标右键，执行"自定路径"命令，打开对话框，制作素材的缩小动画效果，如图 12-115 所示。单击"确定"按钮关闭对话框。

图 12-115　制作动画

16 单击"滤镜"按钮，选择"平均"滤镜，将其添加到素材上。在选项面板中单击"自定义滤镜"按钮，如图 12-116 所示。

图 12-116　单击"自定义滤镜"按钮

17 设置第 1 帧的方格大小为 2，将滑块拖至合适的位置，设置方格大小为 20。将滑块拖至最后一帧，设置方格大小为 20，如图 12-117 所示。

图 12-117　设置参数

18 单击"确定"按钮完成设置。采用同样的方法设置其他动画效果，如图 12-118 所示。

图 12-118　设置其他动画效果

19 在覆叠轨 6 中添加多个 Flash 动画素材，如图 12-119 所示。

图 12-119　添加 Flash 素材

20 采用前面所述的方法，复制粘贴标题，并修改字幕，如图 12-120所示。

图 12-120　修改字幕

12.3　制作片尾

片尾是一个影片的结尾，通常能起到提示的作用。本节将介绍制作写真的片尾视频。

12.3.1　制作闭幕效果

影片最后一个画面退出屏幕称为"闭幕"，下面将介绍闭幕效果的制作方法。

素材文件

教学资源 \ 视频 \ 第 12 章 \12.3.1 制作闭幕效果 .mp4
实例效果

01　选择视频轨中的最后一个素材，将其复制粘贴到覆叠轨 7 中并调整区间，如图 12-121 所示。

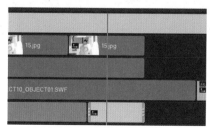

图 12-121　粘贴素材并调整区间

02　选择素材，在选项面板中单击"从下方进入"按钮，如图 12-122 所示。

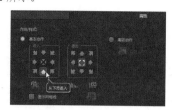

图 12-122　单击"从下方进入"按钮

12.3.2　制作片尾字幕

为片尾添加字幕以表示影片的结束。

素材文件

教学资源 \ 视频 \ 第 12 章 \12.3.2 制作片尾字幕 .mp4

01　单击"标题"按钮，在预览窗口中双击鼠标，输入字幕，如图 12-123 所示。

图 12-123　输入字幕

02　在时间轴中调整素材的位置及区间，如图 12-124 所示。

图 12-124　调整素材位置及区间

03　选择素材，单击鼠标右键，执行"自定义动作"命令，如图 12-125 所示。

图 12-125　执行"自定义动作"命令

04 弹出对话框，设置位置、大小、不透明度及镜射参数，如图 12-126 所示。

图 12-126　调整参数

05 复制该关键帧，到合适的位置粘贴该关键帧，并调整不透明度参数为 100，如图 12-127 所示。

图 12-127　调整不透明度参数

06 复制该关键帧，到合适的位置粘贴关键帧。选择最后一帧，调整大小为 0，如图 12-128 所示。

图 12-128　调整大小参数

07 单击"确定"按钮完成设置。在预览窗口中预览效果。

12.4　后期输出

影片大致完成后，还需为影片配上合适的背景乐，最后将其输出生成视频即可大功告成。

12.4.1　添加背景音乐

背景乐是一段影片中不可缺少的部分，好的背景音乐能起到烘托气氛的作用。

素材文件

教学资源 \ 视频 \ 第 12 章 \12.4.1 添加背景音乐 .mp4

01 在时间轴中的空白区域单击鼠标右键，执行"插入音频"|"到音乐轨"命令，如图 12-129 所示。

图 12-129　执行"插入音频"|"到音乐轨"命令

02 添加音频素材后复制粘贴素材，拖曳素材的区域使之与视频轨区域保持一致，如图 12-130 所示。

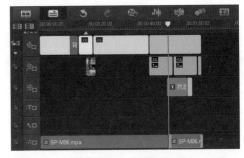

图 12-130　调整区间

03 选择素材，展开选项面板，单击"淡出"按钮，如图 12-131 所示。

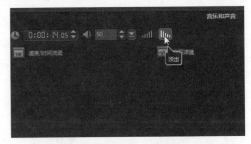

图 12-131　单击"淡出"按钮

12.4.2　输出保存

将制作完成的影片输出保存，可以方便浏览观赏。

素材文件

教学资源 \ 视频 \ 第 11 章 \11.4.2 输出保存 .mp4
实例效果

01 执行"文件"|"智能包"命令，如图 12-132 所示。

图 12-132　执行"文件"|"智能包"命令

02 弹出提示对话框，单击"是"按钮，如图 12-133 所示。

图 12-133　单击"是"按钮

03 弹出"智能包"对话框，设置文件夹路径及文件名称，单击"确定"按钮，如图 12-134 所示。

图 12-134　单击"确定"按钮

04 输出完成后弹出提示对话框，单击"确定"按钮，如图 12-135 所示。

图 12-135　单击"确定"按钮

05 单击步骤面板中的"共享"按钮，切换至"共享"面板，如图 12-136 所示。

图 12-136　"共享"面板

06 设置影片的存储路径及文件名，单击"开始"按钮，如图 12-137 所示。

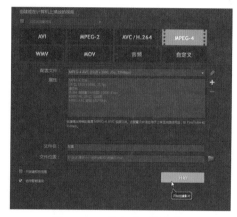

图 12-137　单击"开始"按钮

07 影片开始渲染，渲染输出后可在素材库中选择生成的视频，在预览窗口中预览最终效果，如图 12-138 所示。

图 12-138　预览最终效果

第 13 章 婚纱相册——心心相印

婚礼、婚纱视频是甜蜜爱情的见证，将自己的婚纱相册制作成影片，一起定格属于自己的幸福时光，保存一份永久闪亮的爱情。

13.1 片头制作

在一部影片中，片头起引导作用，好的片头能够快速将观众带入影片。下面介绍婚纱相册的片头制作。

素材文件

教学资源\视频\第 13 章\13.1 片头制作 .mp4
实例效果

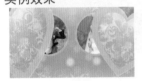 

01 在视频轨中插入两个视频素材，调整第 2 个素材的区间为 08:18，如图 13-1 所示。

图 13-1 添加视频素材

02 在覆叠轨 1 和覆叠轨 3 上添加同一个素材图片，对齐素材 2 并调整区间，如图 13-2 所示。

图 13-2 添加素材并调整区间

03 选择覆叠轨 1 上的素材，在预览窗口中调整素材大小，如图 13-3 所示。

图 13-3 调整素材大小

04 在时间轴的覆叠轨 1 素材上单击鼠标右键，执行"复制属性"命令，如图 13-4 所示。

图 13-4 执行"复制属性"命令

05 选择覆叠轨 3 上的素材，单击鼠标右键，执行"粘贴可选属性"命令，如图 13-5 所示。

图 13-5 执行"粘贴可选属性"命令

06 在打开的对话框中取消选中"全部"复选框，然后选择"大小和变形"复选框，如图 13-6 所示。

图 13-6 选择"大小和变形"复选框

07 单击"确定"按钮后在预览窗口中调整素材的位置，如图 13-7 所示。

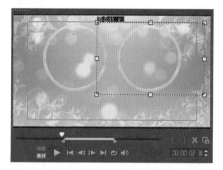

图 13-7 调整素材的位置

08 在覆叠轨 2 和覆叠轨 4 上分别添加素材图片，如图 13-8 所示。

图 13-8 添加素材图片

09 选择覆叠轨 2 上的素材，展开"选项"面板，单击"遮罩和色度键"按钮，如图 13-9 所示。

图 13-9 单击"遮罩和色度键"按钮

10 在展开的面板中选中"应用覆叠选项"复选框，然后在"类型"下拉列表中选择"遮罩帧"选项，如图 13-10 所示。

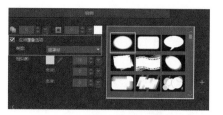

图 13-10 选择"遮罩帧"选项

11 在右侧单击"添加遮罩项"按钮，如图 13-11 所示。

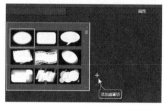

图 13-11 单击"添加遮罩项"按钮

12 在打开的对话框中选择遮罩图片，如图 13-12 所示。

图 13-12 选择遮罩图片

13 单击"打开"按钮，选择新的遮罩，如图 13-13 所示。

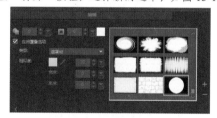

图 13-13 选择新的遮罩

14 在预览窗口中调整素材的大小与位置，如图 13-14 所示。

图 13-14 调整素材的大小与位置

15 采用同样的方法,复制素材的属性,并粘贴到覆叠轨 4 中的素材上,并在预览窗口中调整素材的大小与位置,如图 13-15 所示。

图 13-15　调整素材的大小与位置

16 在覆叠轨 5 的 22 秒 16 的位置添加素材,并调整区间与视频轨素材对齐,如图 13-16 所示。

图 13-16　添加素材并调整区间

17 在预览窗口中单击鼠标右键,执行"调整到屏幕大小"命令,如图 13-17 所示。

图 13-17　执行"调整到屏幕大小"命令

18 将滑块拖至 21 秒 20 的位置,在覆叠轨 6 和覆叠轨 7 上添加素材,调整区间为 00:00:02: 05,如图 13-18 所示。

图 13-18　添加素材

19 选择覆叠轨 6 上的素材,在"选项"面板中选中"高级动作"单选按钮,如图 13-19 所示。

图 13-19　选中"高级动作"单选按钮

20 在打开的对话框中调整素材的位置、大小和角度,如图 13-20 所示。

图 13-20　调整素材

21 添加关键帧,并依次调整素材的位置,如图 13-21 所示。

图 13-21　添加关键帧并调整素材的位置

22 采用同样的方法,选择覆叠轨 7 中的素材,选中"高级动作"单选按钮,在弹出的对话框中对素材进行路径设置,如图 13-22 所示。

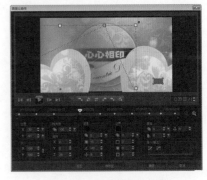

图 13-22　路径设置与调整

23 在预览窗口中预览素材效果，如图 13-23 所示。

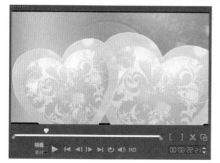

图 13-23　预览素材效果

24 在覆叠轨 5 上添加视频素材，并调整区间，如图 13-24 所示。

图 13-24　添加素材并调整区间

25 在预览窗口中调整素材的大小与位置，如图 13-25 所示。

图 13-25　调整素材的大小与位置

26 单击"标题"按钮，在预览窗口中输入文字，如图 13-26 所示。

图 13-26　输入文字

27 选择时间轴中的文字，在"属性"面板中选中"动画"单选按钮，选中"应用"复选框，在"下降"列表中选择第 2 个预设效果，如图 13-27 所示。

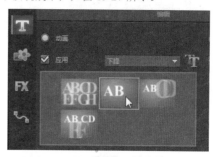

图 13-27　选择预设效果

28 进入"滤镜"素材库，选择"光线"滤镜，并添加到素材上，如图 13-28 所示。

图 13-28　选择"光线"滤镜

29 在选项面板中单击"自定义滤镜"按钮，如图 13-29 所示。

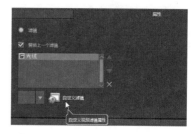

图 13-29　单击"自定义滤镜"按钮

30 在打开的"光线"对话框中，设置第 1 帧的参数，如图 13-30 所示。

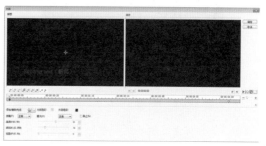

图 13-30　设置第 1 帧的参数

31 选择第 2 帧，设置参数，如图 13-31 所示。

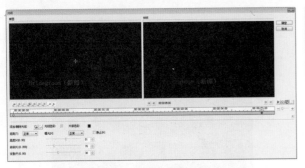

图 13-31　设置第 2 帧的参数

32 在时间轴中调整文字到覆叠轨 6 上，如图 13-32 所示。

图 13-32　调整文字的位置

33 复制文本，将其粘贴到原文本之后，并调整素材区间，如图 13-33 所示。

图 13-33　复制粘贴并调整区间

34 展开"属性"面板，取消选中"应用"复选框，如图 13-34 所示。

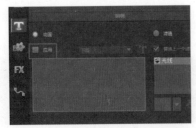

图 13-34　取消选中"应用"复选框

35 采用同样的方法，输入文字并设置文字效果，如图 13-35 所示。

36 调整文本在时间轴中的位置，并复制一个文本，调整区间，如图 13-36 所示。

图 13-35　入文字并设置文字效果

图 13-36　复制并调整区间

13.2　影片内容制作

影片是最精彩的，也是最具有可观性的部分。下面介绍婚纱相册的影片内容的制作方法。

13.2.1　视频片段一

下面介绍视频片段一的制作方法。

素材文件

教学资源 \ 视频 \ 第 13 章 \13.2.1 视频片段一 .mp4
实例效果

01 在覆叠轨 1 中添加照片素材，并调整素材区间为 06:24，如图 13-37 所示。

图 13-37　添加素材并调整区间

02 选择素材，在"属性"面板中选中"高级动作"单选按钮，如图 13-38 所示。

图 13-38　选中"高级动作"单选按钮

03 在预览窗口中拖曳素材到屏幕大小，如图 13-39 所示。

图 13-39　调整素材到屏幕大小

04 选择第 2 个关键帧，在"大小"组中调整素材的大小，如图 13-40 所示。

图 13-40　调整关键帧 2 素材的大小

05 单击"确定"按钮关闭对话框。在覆叠轨 2 中添加素材，如图 13-41 所示。

图 13-41　添加素材

06 在预览窗口中调整素材到屏幕大小，如图 13-42 所示。

图 13-42　调整到屏幕大小

07 在覆叠轨 1 中插入素材图片，设置区间为 06:24，如图 13-43 所示。

图 13-43　插入素材并设置区间

08 选择覆叠轨 1 中的素材 2，单击鼠标右键，执行"复制属性"命令，如图 13-44 所示。

图 13-44　执行"复制属性"命令

09 选择覆叠轨 1 中的素材 3，单击鼠标右键，执行"粘贴所有属性"命令，如图 13-45 所示。

图 13-45　执行"粘贴所有属性"命令

10 在覆叠轨 2 中添加素材，在预览窗口中调整素材的大小，如图 13-46 所示。

图 13-46　调整素材的大小

11 在覆叠轨 3 中插入视频素材，如图 13-47 所示。

图 13-47　插入视频素材

12 在预览窗口中调整素材的大小与位置，如图 13-48 所示。

图 13-48　调整素材的大小与位置

13 将滑块拖至 00:00:37:18 的位置，添加章节点，如图 13-49 所示。

图 13-49　添加章节点

14 选择覆叠轨 5 到覆叠轨 7 中的素材 1，如图 13-50 所示。

15 单击鼠标右键，执行"复制"命令，粘贴到覆叠轨 4 到覆叠轨 6 上 00：00:37:18 的位置，如图 13-51 所示。

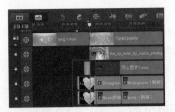

图 13-50　选择素材

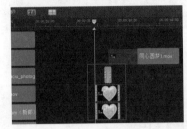

图 13-51　复制粘贴素材

16 单击"标题"按钮，在预览窗口中双击鼠标输入文字，如图 13-52 所示。

图 13-52　输入文字

17 选择文字，在"选项"面板中设置字体等参数，然后单击"边框 / 阴影 / 透明度"按钮，如图 13-53 所示。

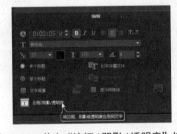

图 13-53　单击"边框 / 阴影 / 透明度"按钮

18 在打开的对话框中单击"阴影"选项卡，然后单击"下垂阴影"按钮，设置阴影的参数，如图 13-54 所示。

图 13-54　设置阴影

19 单击"确定"按钮关闭对话框，回到"选项"面板，单击"属性"选项卡，选中"应用"复选框，在"下降"类别中选择第 2 个预设效果，如图 13-55 所示。

图 13-55　选择预设效果

20 在时间轴中选择标题，调整标题的位置与区间，如图 13-56 所示。

图 13-56　调整标题的位置与区间

21 移动滑块到合适的位置，再次在预览窗口中双击鼠标输入文字，并在时间轴中调整文字的位置与区间，如图 13-57 所示。

图 13-57　调整文字的位置与区间

22 选择文字，在选项面板中设置文字颜色并选中"文字背景"复选框，然后单击"自定义文字背景的属性"按钮，如图 13-58 所示。

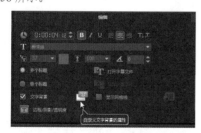

图 13-58　单击"自定义文字背景的属性"按钮

23 在打开的对话框中选中"与文本相符"单选按钮，然后选中"渐变"单选按钮，设置渐变颜色与透明度，如图 13-59 所示。

图 13-59　设置文字背景

24 在预览窗口中调整素材的位置，如图 13-60 所示。

图 13-60　调整素材的位置

25 选择文字，在"属性"选项面板中选中"应用"复选框，设置动画为"淡化"的第 2 个预设效果，如图 13-61 所示。

图 13-61　选择预设效果

13.2.2　视频片段二

下面介绍视频片段二的制作方法。

素材文件

教学资源 \ 视频 \ 第 13 章 \13.2.2 视频片段二 .mp4
实例效果

01 在覆叠轨 2 和覆叠轨 3 上分别添加素材，并设置区间为 07:01，如图 13-62 所示。

图 13-62 添加素材并设置区间

02 将覆叠轨 2 的素材调整至屏幕大小。选择覆叠轨 3 中的素材，在"选项"面板中选中"高级动作"单选按钮，如图 13-63 所示。

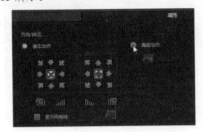

图 13-63 选中"高级动作"单选按钮

03 在打开的对话框中设置大小参数，如图 13-64 所示。

图 13-64 设置大小参数

04 将滑块拖至第 2 帧，设置素材的大小，如图 13-65 所示。单击"确定"按钮关闭对话框。

图 13-65 设置第 2 帧素材的大小

05 在覆叠轨 4 中添加素材，并调整到相同的区间，如图 13-66 所示。

图 13-66 添加素材并调整区间

06 选择素材，在"选项"面板中单击"遮罩和色度键"按钮，如图 13-67 所示。

图 13-67 单击"遮罩和色度键"按钮

07 在展开的界面中选中"应用覆叠选项"复选框，选择"类型"为"遮罩帧"，并在右侧选择一个遮罩项，如图 13-68 所示。

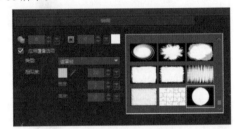

图 13-68 选择遮罩项

08 在预览窗口中调整素材的大小与位置，如图 13-69 所示。

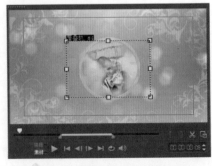

图 13-69 调整素材的大小与位置

09 进入"选项"面板，选中"高级动作"单选按钮，如图 13-70 所示。

图 13-70 选中"高级动作"单选按钮

10 打开对话框，拖曳滑块至第 2 帧，调整素材的大小，如图 13-71 所示，单击"确定"按钮关闭对话框。

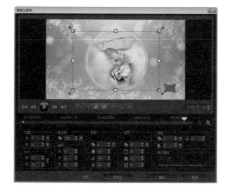

图 13-71 调整第 2 帧素材的大小

11 在覆叠轨 5 中添加素材，并调整位置与区间，如图 13-72 所示。

图 13-72 添加素材并调整区间

12 同样，在"选项"面板中选中"高级动作"单选按钮，在打开的对话框中设置位置与大小参数，如图 13-73 所示。

图 13-73 设置位置与大小参数

13 将滑块拖至第 2 帧，调整素材的大小，如图 13-74 所示，单击"确定"按钮关闭对话框。

图 13-74 设置第 2 帧的参数

14 将滑块拖至 00:00:44:17 的位置，在覆叠轨 6 中添加素材，如图 13-75 所示。

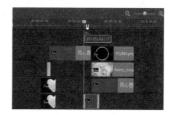

图 13-75 添加素材并调整区间

15 在预览窗口中将素材调整至屏幕大小，如图 13-76 所示。

图 13-76 调整素材至屏幕大小

16 单击"标题"按钮，在预览窗口中输入文字，如图 13-77 所示。

图 13-77 输入文字

17 在时间轴中调整文字的位置与区间，如图 13-78 所示。

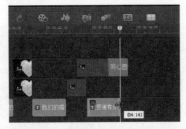

图 13-78　调整文字的位置与区间

18 复制素材，并粘贴到如图 13-79 所示的位置。

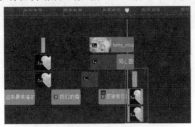

图 13-79　复制并粘贴素材

13.2.3　视频片段三

下面介绍视频片段三的制作方法。

素材文件

教学资源\视频\第 13 章\13.2.3 视频片段三 .mp4
实例效果

01 在覆叠轨 1 中添加 3 张素材图片，并分别调整区间为 7 秒，如图 13-80 所示。

图 13-80　添加素材并调整区间

02 在选项面板中调整素材到屏幕大小，然后在覆叠轨 2 中添加 3 个素材，分别调整区间如图 13-81 所示。

03 在预览窗口中分别调整素材到屏幕大小，如图 13-82 所示。

图 13-81　添加素材

图 13-82　调整素材到屏幕大小

04 采用同样的方法，将前面的素材复制并粘贴到如图 13-83 所示的位置。

图 13-83　复制并粘贴素材

05　单击"标题"按钮，在预览窗口中输入文字，如图13-84所示。

图 13-84　输入文字

06　在时间轴中调整文字的位置与区间，如图13-85所示。

图 13-85　调整文字的位置与区间

07　拖曳滑块后在预览窗口中继续输入文字，如图13-86所示。

图 13-86　输入文字

08　在时间轴中调整文字的位置与区间，如图13-87所示。

图 13-87　调整文字的位置与区间

13.2.4　视频片段四

下面介绍视频片段四的制作方法。

素材文件

教学资源 \ 视频 \ 第 13 章 \13.2.4 视频片段四 .mp4
实例效果

01　在覆叠轨 2 中添加视频素材，设置区间为 07:01，并复制一个，将其调整到屏幕大小，如图13-88所示。

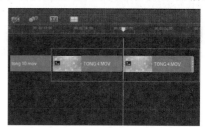

图 13-88　添加素材

02　在覆叠轨 3 中添加照片素材，并分别调整区间，对齐覆叠轨 2 中的素材，如图13-89所示。

图 13-89　添加素材并调整区间

03　选择第 1 个素材，在"选项"面板中选中"高级动作"单选按钮，如图13-90所示。

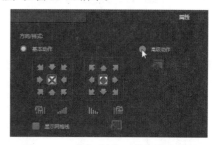

图 13-90　选中"高级动作"单选按钮

04　在打开的对话框中调整素材的大小与位置，如图13-91所示。

05　选择第 2 个关键帧，设置同样的大小与位置，并设置旋转 Y 的参数，如图13-92所示，单击"确定"按钮关闭对话框。

图 13-91　调整素材的大小与位置

图 13-92　设置旋转 Y 的参数

06　在时间轴中复制该素材的属性，粘贴到第 2 个素材上。然后在"选项"面板中单击"自定义动作"按钮，如图 13-93 所示。

图 13-93　单击"自定义动作"按钮

07　打开"自定义动作"对话框，调整旋转 Y 的参数为 -90，如图 13-94 所示。

图 13-94　调整旋转 Y 的参数

08　选择第 2 个关键帧，调整旋转 Y 的参数为 0，如图 13-95 所示，单击"确定"按钮关闭对话框。

图 13-95　调整旋转 Y 的参数

09　在覆叠轨 4 上添加素材，并调整位置与区间，如图 13-96 所示。

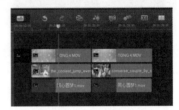

图 13-96　添加素材并调整区间

10　选择第一个素材，在预览窗口中调整素材的大小与位置，如图 13-97 所示。

图 13-97　调整素材的大小与位置

11　在"选项"面板中选中"高级动作"单选按钮，在打开的对话框中调整素材的大小，如图 13-98 所示。

图 13-98　调整素材的大小

12 选择第 2 个关键帧,设置大小参数,如图 13-99 所示,单击"确定"按钮关闭对话框。

图 13-99　设置大小参数

13 复制属性,并选择第 2 个素材,单击鼠标右键,执行"粘贴所有属性"命令,在预览窗口中预览效果,如图 13-100 所示。

图 13-100　预览效果

14 采用前面所述的方法,复制并粘贴素材到如图 13-101 所示的位置。

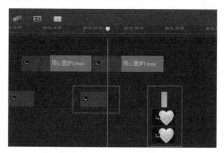

图 13-101　复制并粘贴素材

13.3　片尾制作

片尾代表着影片的结束,与片头相呼应。下面将介绍制作婚纱相册的片尾视频的方法。

素材文件

教学资源 \ 视频 \ 第 13 章 \13.3 片尾制作 .mp4
实例效果

01 在覆叠轨 1 中添加两个素材,分别调整区间为 07:08、06:22,如图 13-102 所示。

图 13-102　添加素材并调整区间

02 在预览窗口中调整素材到屏幕大小,如图 13-103 所示。

图 13-103　调整素材到屏幕大小

03 在覆叠轨 4 中添加素材,如图 13-104 所示。在预览窗口中调整素材到屏幕大小。

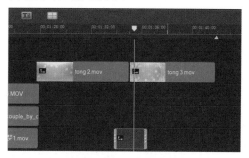

图 13-104　添加素材

04 在时间轴空白处单击鼠标右键,执行"插入音频"|"到声音轨"命令,如图 13-105 所示。

图 13-105　执行"到声音轨"命令

05 在打开的对话框中选择音频素材，单击"打开"按钮，
添加素材后调整区间，如图 13-106 所示。

图 13-106　添加音频并调整区间

06 选择素材，在"选项"面板中单击"淡出"按钮，如
图 13-107 所示。

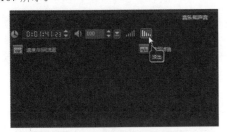

图 13-107　单击"淡出"按钮

13.4　保存与共享

保存与共享是影片制作的最后一步，下面介绍如何
操作。

素材文件

教学资源 \ 视频 \ 第 13 章 \13.4 保存与共享 .mp4
实例效果

01 单击"步骤"面板上的"共享"按钮，如图 13-108
所示。

图 13-108　单击"共享"按钮

02 在"共享"步骤界面中选择格式，设置文件名与文件
位置，单击"开始"按钮，如图 13-109 所示。

图 13-109　单击"开始"按钮

03 渲染生成影片，在预览窗口中预览影片效果，如图
13-110 所示。

图 13-110　预览影片效果

第 14 章　旅游相册——难忘海南行

来一次说走就走的旅行，带上家人，带上相机、手机、DV，将旅途中的美景、趣事拍摄下来，必将成为最快乐的事情。在会声会影中将其编辑制作成旅途视频，分享或保留，延长这份快乐。本章介绍的是海南之行的旅游视频。

14.1　片头制作

下面介绍片头制作，通过片头引入本视频的内容"难忘海南行"，以动态的背景视频来增加片头的趣味性。

📣 **素材文件**

教学资源\视频\第 14 章\14.1 片头制作 .mp4
实例效果

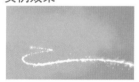

01 在视频轨中添加视频素材，如图 14-1 所示。

图 14-1　添加视频素材

02 选择素材，进入"选项"面板，设置区间，并单击"静音"按钮，如图 14-2 所示。

图 14-2　设置区间与静音

03 单击"色彩校正"按钮，如图 14-3 所示。

图 14-3　单击"色彩校正"按钮

04 在展开的界面中调整色调、饱和度等参数，如图 14-4 所示。

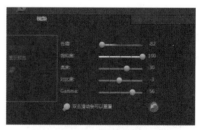

图 14-4　调整参数

05 在覆叠轨 1 中添加素材，并调整区间，如图 14-5 所示。

图 14-5　添加素材并调整区间

06 进入"选项"面板，单击"遮罩和色度键"按钮，如图 14-6 所示。

07 在展开的界面中选中"应用覆叠选项"复选框，设置类型为"添加键"，并在右侧设置参数，如图 14-7 所示。

图 14-6 单击"遮罩和色度键"按钮

图 14-7 设置"添加键"

08 在预览窗口中将素材调整至屏幕大小。单击"标题"按钮,在预览窗口中双击鼠标输入文字,如图 14-8 所示。

图 14-8 输入文字

09 在"选项"面板中设置文字的参数,如图 14-9 所示。

图 14-9 设置文字的参数

10 进入"属性"选项卡,选中"应用"复选框,选择"淡化"类别的第 2 个预设效果,如图 14-10 所示。

图 14-10 选择预设效果

11 在时间轴中调整文字的位置,如图 14-11 所示。

图 14-11 调整文字的位置

14.2 影片内容制作

影片内容是影片的主要部分,可以以照片展示为主,也可以以视频拼接为主要内容,通过几个不同效果的片段来丰富影片。

14.2.1 影片片段一

每个片段可以根据自己视频的内容来命名一个小主题,可以以景点、人物等来命名,也可以随意而为。这里的片段是以不同效果来分类的,下面制作的片段一主要用到的是遮罩、添加键。

📀 素材文件

教学资源 \ 视频 \ 第 14 章 \14.2.1 影片片段一 .mp4
实例效果

01 在视频轨中添加素材图片,如图 14-12 所示。

图 14-12 添加素材

02 在"选项"面板中调整区间为 30 秒,如图 14-13 所示。

图 14-13 设置区间

03 在覆叠轨 1 中添加素材图片，并调整到屏幕大小，如图 14-14 所示。

图 14-14 添加素材并调整到屏幕大小

04 选择素材，在"选项"面板中单击"遮罩和色度键"按钮，如图 14-15 所示。

图 14-15 单击"遮罩和色度键"按钮

05 在展开的界面中选中"应用覆叠选项"复选框，并设置类型为"遮罩帧"，单击右侧的"添加遮罩项"按钮，如图 14-16 所示。

图 14-16 单击"添加遮罩项"按钮

06 在打开的对话框中选择遮罩图像，单击"打开"按钮，选择新添加的遮罩项，如图 14-17 所示。

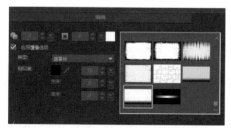

图 14-17 选择新的遮罩项

07 在预览窗口中预览效果，如图 14-18 所示。

图 14-18 预览效果

08 在"滤镜"素材库中选择"模拟景深"滤镜，如图 14-19 所示。添加到覆叠轨的素材上。

图 14-19 选择"模拟景深"滤镜

09 选择素材，在"选项"面板中单击"自定义滤镜"按钮，如图 14-20 所示。

图 14-20 单击"自定义滤镜"按钮

10 打开对话框，拖曳滑块至第 1 帧，选择"梦幻迷离"效果，如图 14-21 所示。单击"行"按钮关闭对话框。

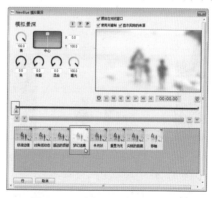

图 14-21 选择"梦幻迷离"效果

11 此时的图像效果如图 14-22 所示。

图 14-22　图像效果

12 回到"选项"面板中，选中"高级动作"单选按钮，如图 14-23 所示。

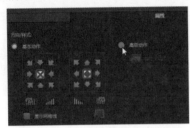

图 14-23　选中"高级动作"单选按钮

13 打开对话框，调整素材的大小，如图 14-24 所示。

图 14-24　调整素材的大小

14 将滑块拖至第 2 帧，再次设置大小，如图 14-25 所示，设置完成后单击"确定"按钮关闭对话框。

图 14-25　调整第 2 帧的大小

15 复制素材属性，在覆叠轨 1 中添加素材，粘贴属性，如图 14-26 所示。在预览窗口中预览效果，如图 14-27 所示。

图 14-26　粘贴属性

图 14-27　预览效果

16 在覆叠轨 2 中添加素材并调整区间，然后复制并粘贴素材，如图 14-28 所示。调整两个素材到屏幕大小。

图 14-28　添加素材

17 依次选择素材，进入"选项"面板，单击"遮罩和色度键"按钮，在展开的面板中选中"应用覆叠选项"复选框，设置类型为"添加键"，并在右侧调整参数，如图 14-29 所示。

图 14-29　设置"添加键"

18 在覆叠轨 4 中添加视频素材，如图 14-30 所示。

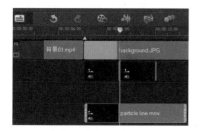

图 14-30　添加视频素材

19 选择素材，进入"选项"面板，单击"遮罩和色度键"按钮，在展开的面板中选中"应用覆叠选项"复选框，设置类型为"添加键"，并在右侧调整参数，如图 14-31 所示。

图 14-31　设置"添加键"

20 在预览窗口中调整素材的大小与位置，如图 14-32 所示。

图 14-32　调整素材的大小与位置

21 单击"标题"按钮，在预览窗口中双击鼠标输入文字，如图 14-33 所示。

图 14-33　输入文字

22 选择文字，展开"选项"面板，设置参数，并单击"边框 / 阴影 / 透明度"按钮，如图 14-34 所示。

23 打开对话框，进入"阴影"选项卡，选择"下垂阴影"选项，并设置参数，如图 14-35 所示。

图 14-34　单击"边框 / 阴影 / 透明度"按钮

图 14-35　设置下垂阴影

24 进入"属性"选项卡，选中"应用"复选框，选择"淡化"类别的第 2 个预设效果，如图 14-36 所示。

图 14-36　选择预设效果

25 在预览窗口中调整素材的位置，如图 14-37 所示。

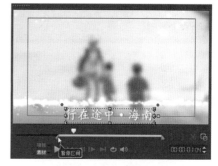

图 14-37　调整素材的位置

26 在时间轴中调整文本的位置，并复制一个，修改文字内容，调整素材的位置，如图 14-38 所示。

图 14-38　复制并修改

27 进入"属性"选项面板，选择类别为"飞行"，并选择第 2 个预设效果，单击"自定义动画属性"按钮，如图 14-39 所示。

图 14-39　单击"自定义动画属性"按钮

28 打开对话框，在"进入"组中单击向右箭头，如图 14-40 所示。

图 14-40　单击向右箭头

29 在覆叠轨 1 中继续添加素材，并粘贴素材属性，在预览窗口中查看效果，如图 14-41 所示。

图 14-41　查看素材效果

30 在覆叠轨 1 中添加素材图片，设置区间为 5 秒，并在素材前添加"漩涡"转场，如图 14-42 所示。

图 14-42　添加"漩涡"转场

31 选择转场，单击"自定义"按钮，如图 14-43 所示。

图 14-43　单击"自定义"按钮

32 打开对话框，设置动画和形状，如图 14-44 所示。设置后单击"确定"按钮关闭对话框。

图 14-44　设置动画和形状

33 选择素材图，粘贴素材属性。在覆叠轨 1 中添加素材图片，粘贴素材属性。在素材之间添加"交叉淡化"转场，如图 14-45 所示。

图 14-45　添加"交叉淡化"转场

34 复制覆叠轨 2 上的视频素材，粘贴到如图 14-46 所示的位置。

图 14-46　复制粘贴素材

35 采用同样的方法，复制并粘贴素材，然后修改文字内容、素材区间，如图 14-47 所示。

图 14-47　复制粘贴并修改

36 在预览窗口中预览效果，如图 14-48 所示。

图 14-48　预览效果

14.2.2　影片片段二

下面介绍影片片段二的制作方法。

素材文件

教学资源 \ 视频 \ 第 14 章 \14.2.2 影片片段二 .mp4
实例效果

01 在覆叠轨 1 中添加两个素材图片，并在素材之间添加
"漩涡"转场和"交叉淡化"转场，如图 14-49 所示。

图 14-49　添加素材与转场

02 为素材图片设置"自定义动作"效果。根据前面所述
方法，设置"漩涡"转场，如图 14-50 所示。

图 14-50　设置"漩涡"转场

03 在覆叠轨 2 中添加素材，并调整区间，如图 14-51 所示。

图 14-51　添加素材并调整区间

04 选择素材，进入"选项"面板，单击"遮罩和色度键"
按钮，在展开的面板中选中"应用覆叠选项"复选框，
然后选择"遮罩帧"选项，在右侧添加"遮罩项"，如
图 14-52 所示。

图 14-52　添加"遮罩项"

05 选择素材，在预览窗口中调整素材到屏幕大小，如图
14-53 所示。

图 14-53　调整到屏幕大小

06 在"选项"面板中选中"高级动作"单选按钮，如图
14-54 所示。

图 14-54　选中"高级动作"单选按钮

07 打开对话框，将滑块拖至 00:00:04:10 的位置，添加
关键帧，如图 14-55 所示。

图 14-55　添加关键帧

08 选择第 1 个关键帧，设置位置 X 的参数为 -200，如
图 14-56 所示。单击"确定"按钮关闭对话框。

图 14-56　设置参数

09　单击"标题"按钮，在预览窗口中双击鼠标输入文字，如图 14-57 所示。

图 14-57　输入文字

10　选择文字，进入"属性"选项面板，选中"应用"复选框，选择"淡化"类别的第 2 个预设效果，如图 14-58 所示。

图 14-58　选择预设效果

11　复制覆叠轨 4 中的最后一个素材，并将其粘贴到覆叠轨 4 和覆叠轨 5 上，如图 14-59 所示。

图 14-59　复制粘贴素材

12　在预览窗口中依次调整两个素材的位置，如图 14-60 所示。

图 14-60　调整素材的位置

13　复制覆叠轨 2 到覆叠轨 5 中的最后一个素材，粘贴到如图 14-61 所示的位置，并修改文字内容。

图 14-61　复制粘贴素材

14　在预览窗口中预览效果，如图 14-62 所示。

图 14-62　预览效果

14.2.3　影片片段三

下面介绍影片片段三的制作。

素材文件

教学资源 \ 视频 \ 第 14 章 \14.2.3 影片片段三 .mp4
实例效果

01　选择视频轨中的第一个素材，将其复制粘贴到最后，并调整区间，如图 14-63 所示。

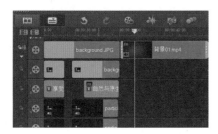

图 14-63　添加素材

02 在覆叠轨 1 到覆叠轨 4 上分别添加素材，并依次调整位置与区间，如图 14-64 所示。

图 14-64　添加素材并调整区间

03 选择覆叠轨 1 上的素材，进入"选项"面板，选中"高级动作"单选按钮，如图 14-65 所示。

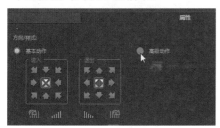

图 14-65　选中"高级动作"单选按钮

04 打开对话框，在 00:00:02:18 的位置上添加关键帧，并设置位置、大小与角度，如图 14-66 所示。

图 14-66　添加关键帧并设置参数

05 在该关键帧上单击鼠标右键，执行"复制"命令，如图 14-67 所示。

图 14-67　执行"复制"命令

06 依次选择最后一个和第一个关键帧，单击鼠标右键，执行"粘贴"命令，如图 14-68 所示。

图 14-68　执行"粘贴"命令

07 选择第 1 个关键帧，设置大小为 0，如图 14-69 所示。设置完成后单击"确定"按钮关闭对话框。

图 14-69　设置大小

08 采用同样的方法，设置其他三个素材的"高级动作"，预览效果如图 14-70 所示。

图 14-70　预览效果

09 在覆叠轨 5 中添加素材，如图 14-71 所示。

图 14-71　添加素材

10 在预览窗口中调整到屏幕大小，并保持宽高比，如图 14-72 所示。

图 14-72　调整大小

11 在视频轨中添加素材，并调整区间，如图 14-73 所示。

图 14-73　添加素材并调整区间

12 单击"标题"按钮，在预览窗口中双击鼠标输入文字，如图 14-74 所示。

图 14-74　输入文字

13 在"选项"面板中设置字体、大小等参数，如图 14-75 所示。

图 14-75　设置文字参数

14 切换至"属性"选项卡，选中"应用"复选框，选择类型为"缩放"，并选择倒数第 2 个预设效果，如图 14-76 所示。

图 14-76　选择预设效果

15 在时间轴中调整文字的位置与区间，如图 14-77 所示。

图 14-77　调整文字的位置与区间

16 在覆叠轨 2 中添加 3 张素材图片，如图 14-78 所示。

图 14-78　添加素材

17 选择素材 1，在"选项"面板中单击"遮罩和色度键"按钮，在展开的界面中选中"应用覆叠选项"复选框，设置类型为"遮罩帧"，并选择合适的遮罩项，如图 14-79 所示。

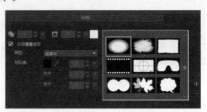

图 14-79　选择合适的遮罩项

18 回到"选项"面板，选中"高级动作"单选按钮，打开对话框，在 00:00:02:05 处添加关键帧，并调整素材的大小，如图 14-80 所示。复制关键帧并粘贴到第一帧和最后一帧上。

图 14-80　添加关键帧并设置参数

19 选择第 1 帧，设置大小为 0，如图 14-81 所示，设置完成后单击"确定"按钮关闭对话框。

图 14-81　设置第 1 帧大小

20 在时间轴中选择该素材，单击鼠标右键，执行"复制属性"命令。然后选择另外两个素材，单击鼠标右键，执行"粘贴所有属性"命令。在预览窗口中预览效果，如图 14-82 所示。

图 14-82　预览效果

21 在覆叠轨 3 和覆叠轨 4 中添加视频素材，并复制多个，如图 14-83 所示。

图 14-83　复制并粘贴素材

22 采用前面的方法，依次调整素材到屏幕大小，并设置"添加键"效果。

23 单击"标题"按钮，在预览窗口中双击鼠标输入文字，如图 14-84 所示。

图 14-84　输入文字

24 在"属性"选项面板中选择"移动路径"类别下的第 4 个预览效果，如图 14-85 所示。

图 14-85　选择预设效果

25 在导览面板中调整动画的暂停区间，如图 14-86 所示。

图 14-86　调整暂停区间

26 在时间轴中调整文字的位置与区间，如图 14-87 所示。

图 14-87　调整文字的位置与区间

27 在预览窗口中预览效果，如图 14-88 所示。

图 14-88　预览效果

14.3　片尾制作

片尾以结束语来提示影片结束，这里选择的背景视频与片头相呼应。

素材文件

教学资源 \ 视频 \ 第 14 章 \14.3 片尾制作 .mp4
实例效果

01 单击"标题"按钮，在预览窗口中双击鼠标输入文字，如图 14-89 所示。

图 14-89　输入文字

02 在时间轴中调整文字的位置，如图 14-90 所示。

图 14-90　调整文字的位置

03 在"选项"面板中设置文字参数，如图 14-91 所示。

图 14-91　设置文字参数

04 在"属性"选项卡中选中"应用"复选框，选择类别为"缩放"，选择第 4 个预设效果，如图 14-92 所示。

图 14-92　选择预设效果

05 在覆叠轨 3 和覆叠轨 4 中添加视频素材，并调整区间，如图 14-93 所示。

图 14-93　添加素材并调整区间

06 在时间轴中单击鼠标右键，执行"插入音频"|"到声音轨"命令，如图 14-94 所示。

图 14-94　执行"到声音轨"命令

07 在打开的对话框中选择音频素材，调整区间，如图 14-95 所示。

图 14-95　添加音频并调整区间

08 选择音频，在"选项"面板中单击"淡入"和"淡出"按钮，如图 14-96 所示。

图 14-96　单击"淡入"和"淡出"按钮

09 完成视频制作，在预览窗口中预览效果，如图 14-97 所示。

图 14-97　预览效果

14.4　输出共享

影片制作完成后将原始文件保存下来，可以方便下次修改。为了方便观看，还需要将 .VSP 格式的影片渲染生成其他常见的视频格式，或者直接输出到手机、光盘等设备中。

📀 素材文件

教学资源 \ 视频 \ 第 14 章 \14.4 输出共享 mp4
实例效果

01 影片制作完成后，执行"文件"|"智能包"命令，如图 14-98 所示。

图 14-98　执行"文件"|"智能包"命令

02 打开提示对话框，单击"是"按钮，如图 14-99 所示。

图 14-99　单击"是"按钮

03 在弹出的对话框中设置文件名、文件位置，然后单击"保存"按钮，如图 14-100 所示。

图 14-100　单击"保存"按钮

04 保存后弹出"智能包"对话框，选择文件夹路径并设置文件名，单击"确定"按钮，如图 14-101 所示。

图 14-101　单击"确定"按钮

05 弹出提示对话框，单击"确定"按钮，如图 14-102 所示。

图 14-102　单击"确定"按钮

06　单击"步骤"面板上的"共享"按钮，在"共享"界面中选择格式，设置文件名、文件位置，单击"开始"按钮，如图 14-103 所示。

图 14-103　单击"开始"按钮

07　文件开始渲染，渲染时预览窗口中显示视频效果，如图 14-104 所示。

图 14-104　渲染

08　渲染完成后弹出提示对话框，单击"确定"按钮，如图 14-105 所示。

图 14-105　单击"确定"按钮

09　在素材库中选择生成的视频，在预览窗口中预览视频效果，如图 14-106 所示。

图 14-106　预览视频效果